"十四五"职业教育国家规划教材

常用仪器仪表使用

（第2版）

史少飞　王顺体　主编

電子工業出版社

Publishing House of Electronics Industry

北京·BEIJING

内 容 简 介

本书第 1 版入选"十三五"职业教育国家规划教材,按《职业院校教材管理办法》和《"十四五"职业教育规划教材建设实施方案》的要求修订为第 2 版。

本书在教学内容中增加了我国仪器仪表行业的成就,扩展了学生的知识面,体现了专业课程教学内容与思政内容的融合;在教学任务中进一步强调安全操作,强调操作步骤的规范要求,培养学生形成良好的实验习惯;同时加强本课程与本专业其他课程的联系,强调操作技能的培养。本书经过修订,增强了教学内容的趣味性和实用性,更贴近学生的认知习惯,更有利于教学。

本书详细介绍了常用仪器仪表的使用方法和日常维护,包括指针式万用表、数字万用表、低频信号发生器、高频信号发生器、函数信号发生器、模拟示波器、数字示波器、钳形电流表、兆欧表、电桥、隔离变压器、交流稳压电源、直流稳压电源等设备。

本书是网络安防系统安装与维护专业的专业核心课程教材,也可作为各类培训班的教材,还可以供网络安防技术人员参考学习。

图书在版编目(CIP)数据

常用仪器仪表使用 / 史少飞,王顺体主编. —2 版. —北京:电子工业出版社,2022.4(2025.8重印).

ISBN 978-7-121-43544-7

Ⅰ. ①常… Ⅱ. ①史… ②王… Ⅲ. ①电工仪表—中等专业学校—教材②电子仪器—中等专业学校—教材Ⅳ. ①TM930.7

中国版本图书馆 CIP 数据核字(2022)第 088675 号

责任编辑:杨　波
印　　刷:北京捷迅佳彩印刷有限公司
装　　订:北京捷迅佳彩印刷有限公司
出版发行:电子工业出版社
　　　　　北京市海淀区万寿路 173 信箱　邮编　100036
开　　本:880×1 230　1/16　印张:8.5　字数:195.84 千字
版　　次:2017 年 9 月第 1 版
　　　　　2022 年 4 月第 2 版
印　　次:2025 年 8 月第 7 次印刷
定　　价:32.00 元

凡所购买电子工业出版社图书有缺损问题,请向购买书店调换。若书店售缺,请与本社发行部联系,联系及邮购电话:(010)88254888,88258888。

质量投诉请发邮件至 zlts@phei.com.cn,盗版侵权举报请发邮件至 dbqq@phei.com.cn。

本书咨询联系方式:(010)88254584,yangbo@phei.com.cn。

前言 | PREFACE

本书以党的二十大精神为统领，全面贯彻党的教育方针，落实立德树人根本任务，践行社会主义核心价值观，铸魂育人，坚定理想信念，坚定"四个自信"，为中国式现代化全面推进中华民族伟大复兴而培育技能型人才。

本书第 1 版入选"十三五"职业教育国家规划教材，按《职业院校教材管理办法》和《"十四五"职业教育规划教材建设实施方案》的要求修订为第 2 版。

本书在教学内容中增加了我国仪器仪表行业的成就，扩展了学生的知识面，体现了专业课程教学内容与思政内容的融合；在教学任务中进一步强调安全操作，强调操作步骤的规范要求，培养学生形成良好的实验习惯；同时加强本课程与本专业其他课程的联系，强调操作技能的培养。本书经过修订，增强了教学内容的趣味性和实用性，更贴近学生的认知习惯，更有利于教学。

本书详细介绍了常用仪器仪表的使用方法和日常维护，包括指针式万用表、数字万用表、低频信号发生器、高频信号发生器、函数信号发生器、模拟示波器、数字示波器、钳形电流表、兆欧表、电桥、隔离变压器、交流稳压电源、直流稳压电源等设备。本书选用当前流行的仪器仪表进行讲解，并对有发展前途的数字仪器仪表进行重点讲解。对于每一种仪器仪表，重点说明它们的使用方法和注意事项。

根据《儿童青少年学习用品近视防控卫生要求》（GB 40070—2021），对本书的版式进行了调整，使之更有利于保护视力。

本书特色

本书强调仪器仪表的使用，在讲解完一种仪器仪表的使用后，精心设计了关于此仪器仪表的综合实训；使学生可通过综合实训，熟练地掌握相关仪器仪表的使用，培养学生的操作技能，提高学生的职业素养。本书作者具有多年的实践和教学经验，熟悉学生在使用仪器仪表进行测量时容易出现的问题。本书讲解仪器仪表的正确使用方法之后，还说明该设备的使用注意事项、维护方法和简易的维修办法，以便扩展学生的知识面。

教学资源

本书配有电子教学参考资料包，包括 PPT 课件、电子教案、教学指南、操作视频（测量电线、测量电源线、测量灯口、测量空气开关、测量电烙铁电阻、测量全桥、测量数码管、测量电压、测量电烙铁的绝缘电阻、测量角磨机的工作电流、测量锡锅的工作电流)、习题参考答案等，以方便教师开展日常教学。如有需要，可登录华信教育资源网免费下载。

课时分配

本书的设计宗旨之一，就是便于不同层次的读者开展自主学习与自主探索。本书建议的教学课时为 64 学时，理论与实践课时占比建议大致为 1∶1，教师和学生可根据自身情况与培养需要，灵活安排课时。

本书作者

本书由史少飞、王顺体主编。虽然在本书的编写过程中倾注了大量的精力与心血，但由于能力有限，加上常用仪器仪表的迅速发展，书中难免存在不妥之处，恳请广大读者不吝提出批评建议，以便进行改正和完善。

编　者

目录 | CONTENTS

第 1 章

万用表

你知道吗

我国的万用表虽然起步较晚，但进步速度非常快，其产品主要以中档万用表为主，部分品牌的数字万用表的精度和测量速度已经达到国际领先水平。

在带电测量时，手或身体的其他部位严禁触碰万用表表笔的金属部分，以防止触电。

知识目标

1. 认识万用表的面板，了解万用表的结构。
2. 掌握测量二极管和三极管极性的原理。
3. 掌握电压和电流的测量方法及注意事项。

能力目标

1. 会使用万用表测量电阻的阻值。
2. 会使用万用表测量二极管和三极管极性。
3. 会使用万用表测量交流、直流电压。
4. 会使用万用表测量交流、直流电流。

任务1 指针式万用表的面板简介及注意事项

数字万用表在很多领域的测量应用中代替了指针式万用表。

但是，对于指针式万用表来说，其电压、电流挡位不需要使用表内的电池，只要将指针式万用表连接到需要测量的电路即可测量电路中的电压或电流。

在计算机及周边设备、网络及相关设备的维护与维修工作中，在电工职业资格考试中，指针式万用表是必选的测量工具。

📖 操作过程

1. MF 47 型指针式万用表的面板简介

指针式万用表用指针来指示被测量物理量的大小，一般由表盘、指针、指针调零螺钉、欧姆调零旋钮、转换开关及表笔插孔这 6 部分组成。如图 1-1 所示为 MF 47 型指针式万用表的面板。

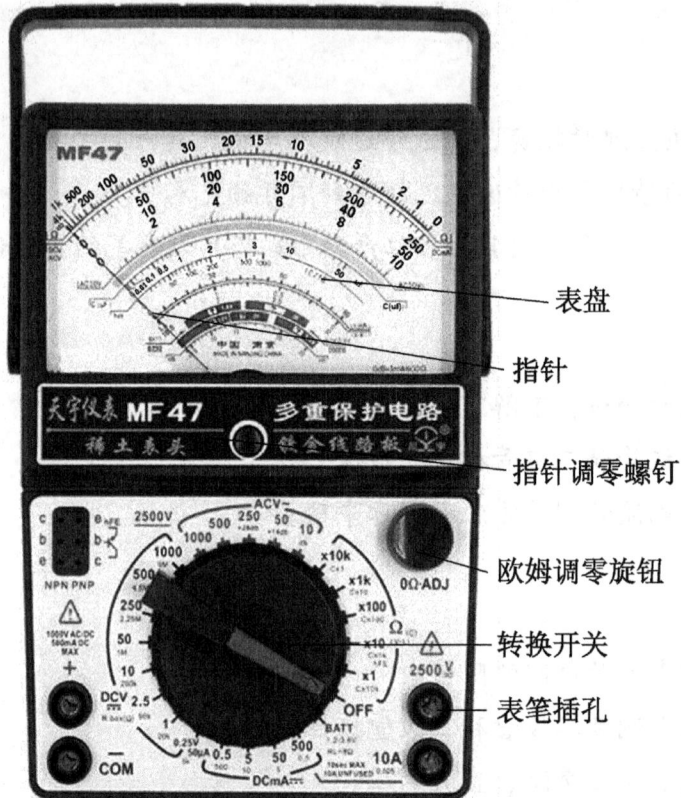

图 1-1　MF 47 型指针式万用表的面板

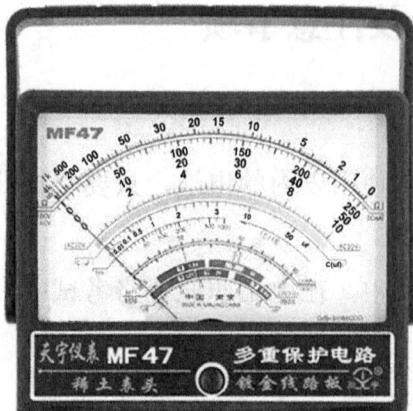

图 1-2　MF 47 型指针式万用表的表盘

表盘：如图 1-2 所示为 MF 47 型指针式万用表的表盘，表盘上印有若干刻度线。最上面的刻度线为电阻刻度线，其左、右侧有 "Ω" 标记，数字在刻度线上非线性排列，右端为 0，左端为∞。紧邻电阻刻度线的为电压和电流刻度线，刻度线下面有 3 排成比例的数字，两侧分别标有 "DCV"、"ACV" 和 "DCmA"。标有 "AC10V" 的刻度线用于读取电压小于 10V 的交流电压。标有 "C（μF）" 的刻度线用于测量电容的容量，对应数字在刻度线的下面。标有 "hFE" 的刻度线用于读取三极管的放大倍数，对应数字在刻度线的下面。标有 "LV（V）" 的刻度线用于测量电感的电感量,对应数字在刻度线的下面。标有"BATT"的刻度线用于测量电池。标有"dB"的刻度线为分贝刻度线。

指针:使用指针式万用表进行测量时,指针会根据测量值摆动,指示测量物理量的数值。在指针的下面有一个镜子,用户读数时应调整自己的观察角度,使指针与镜面反射的指针影像重合,此时的观察角度与表盘成垂直状态,读取数值的误差最小。

指针调零螺钉:该螺钉可以改变指针的初始位置。指针式万用表在不进行测量时,指针应指向最左端的 0 位置。如果指针不指向 0 刻度的位置,使用螺丝刀旋转该螺钉,可使指针指向表盘最左端的 0 位置,这样的调零方法叫作机械调零。

欧姆调零旋钮:在 MF 47 型指针式万用表中,该旋钮下有"0Ω-ADJ"的标记。测量电阻前短接两个表笔,若万用表的指针没有指向电阻零位,可调节此旋钮,使万用表的指针指向右边的电阻零位。这种调零方法称为欧姆调零。

转换开关:如图 1-3 所示为 MF 47 型指针式万用表的转换开关,万用表的各种功能都是通过转换开关来切换的。"DcmA"的各量程用于测量直流电流,"DCV"的各量程用于测量直流电压,"ACV"的各量程用于测量交流电压,"Ω"的各量程用于测量电阻,"BATT"的各量程用于测量电池。"OFF"挡是空挡位,如果万用表长期不用,应将转换开关放在"OFF"的位置。

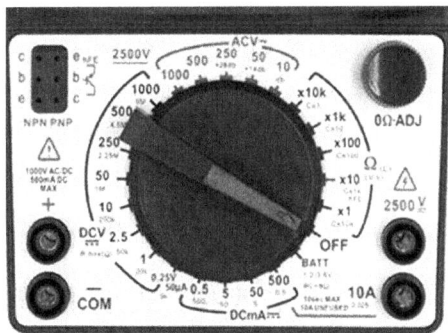

图 1-3　MF 47 型指针式万用表的转换开关

表笔插孔:有"－"和"COM"标记的插孔为通用插孔,黑表笔插入此插孔。进行不同测量时可以改变红表笔的位置,但黑表笔的位置固定不变。有"＋"标记的插孔用于测量电容、三极管放大倍数、电阻、1000V 以下的电压和 500mA 以下的电流等,是常用插孔。"－"和"＋"插孔在面板的左侧,通常情况下,红色表笔插入"＋"标记的插孔,黑色表笔插入"－"标记的插孔。"2500V"标记的插孔可以测量最高 2500V 的电压,测量 1000～2500V 的电压时,应将红表笔插入此插孔。"10A"标记的插孔可以测量最高 10A 的电流,测量电流在 0.5～10A 时,应将红表笔插入此插孔。

放大倍数插孔:插孔的下面标有"NPN"和"PNP",用于测量三极管的放大倍数。

2. MF 500 型指针式万用表的面板简介

MF 500 型指针式万用表与 MF 47 型指针式万用表的面板基本相同,如图 1-4 所示。MF 500 型指针式万用表有左右两个转换开关,改变测量的物理量时,两个转换开关需要配合进行调整。欧姆调零旋钮在下边中间位置。黑表笔插入"*"标记插孔,红表笔大多数情况插入"＋"标记插孔;测量 500～2500V 的电压时,红表笔插入"2500V"标记插孔;测量 0.5～6A 电流时,红表笔插入"dB"插孔。

3．电池盒和万用表内部结构

万用表测量电阻时必须使用电池，电池放在万用表背面的电池盒内。打开电池盖板，电池盒内放置两节电池。如图 1-5 所示为 MF 47 型指针式万用表的电池盒，左边是一节 1.5V 的 2 号电池，右边是一节 15V 的层叠电池。

图 1-4　MF 500 型指针式万用表的面板

图 1-5　MF 47 型指针式万用表的电池盒

旋开 MF 47 型指针式万用表背面的螺钉，打开后盖，其内部结构如图 1-6 所示，从上至下依次是电池、表头、电路板。电路板中央为转换开关，精密电阻等元器件有序地排列在转换开关的周围。如图 1-7 所示为 MF 500 型指针式万用表的内部结构。

图 1-6　MF 47 型指针式万用表的内部结构

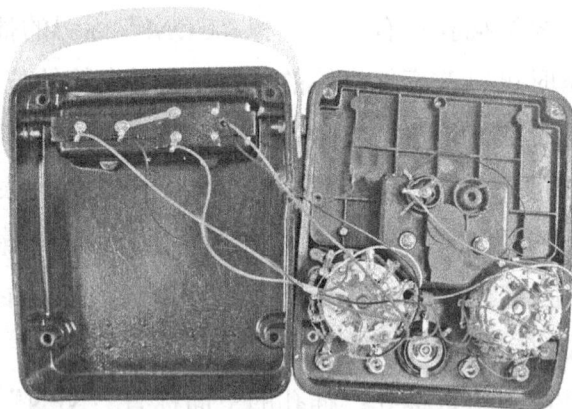

图 1-7　MF 500 型指针式万用表的内部结构

4．注意事项

（1）万用表是一种精密仪器，要轻拿轻放，避免强烈的震动与碰撞。使用时要严格按照要求进行测量，避免测量数据不准确或损坏万用表。

（2）指针式万用表水平放置时测量最准确、误差最小，要避免将万用表倾斜或垂直放置。

（3）指针式万用表的内部采用永久磁铁，外界的强磁场会影响万用表的读数精度和寿命。大功率的喇叭、音箱等具有较强的磁性，CRT 电视机在开机时也会产生较强的磁场，指针式万用表在使用和存放时应远离这些强磁场的物体。

（4）在使用万用表的过程中，手如果接触了表笔的金属部分，人体电阻会接入被测电路，产生测量误差，影响测量精度；电路电压较高时，会造成人体触电，危害人身安全。因此，在使用万用表进行测量时，不能用手接触表笔的金属部分。

（5）万用表使用完毕，应将转换开关置于交流电压的最高量程。如果万用表长期不使用，应取出万用表内部的电池，以免因电池长期放置而漏液腐蚀万用表内部的元器件。

（6）不能在测量的同时扭转万用表的转换开关改换测量挡位。扭转万用表的转换开关时，转换开关的触点先脱离当前挡位的触点，再接入另一个量程的触点，这种预料之外的电路断、通情况可能会损坏被测电路；测量高电压或大电流时，触点的断、通可能在触点之间产生电弧，损坏万用表。如果需要改换为其他挡位进行测量，应先断开表笔与被测电路的连接，扭转转换开关至适当的挡位后，再用表笔接触被测电路，进行测量。

（7）使用前，将万用表静置在桌面上，观察指针是否在最左端的 0 位置，如果位置不正确，可使用螺丝刀旋转指针调零螺钉进行调整。

（8）测量直流电压和直流电流时，要注意电路的正、负极性，保证红表笔接正极，黑表笔接负极。如发现指针反转，表笔应立即离开被测电路，调换表笔后再进行测量。避免指针长期反转，损坏指针及表头。

（9）测量电压（或电流）时要选择适当的测量量程。测量量程是万用表某挡位能测量的最大数值。如果选择的量程太小，即测量的数值超过了该量程的最大数值，则可能会烧坏万用表；如果选择的量程太大，测量的数值太小，指针的偏转角度太小，则不容易读取准确数值。如图 1-8 所示，指针偏转了一个很小的角度，停在第 2 条刻度线的第 1 个小格的中间位置，很难分辨指针对应的数值，会产生较大误差。如果降低万用表的量程，使指针停在该行的刻度盘的中部，就能够更准确地读取数值了。我们在使用万用表时，要选择合适的量程，尽量使指针停在刻度盘的中部。如果不清楚被测电压（或电流）的大小，应先选择最高量程，再逐渐降低到合适的量程。

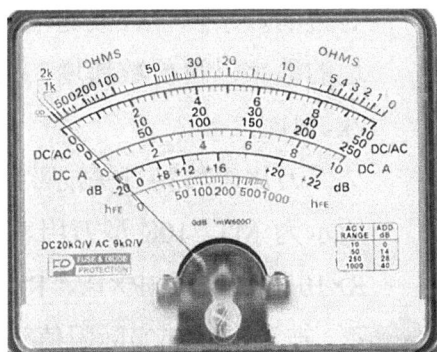

图 1-8 指针偏转一个很小的角度

5．指针式万用表的特点

（1）指针式万用表属于磁电类仪表，其灵敏度高，消耗的功率小。

（2）表盘标度尺的刻度均匀，便于读数。

（3）过载能力小，电流过大容易烧毁万用表的表头。

自我检测

1．观察：自己的万用表有哪些功能？可以测量哪些物理量？

2．某同学在测量电压时，从万用表的右侧面读取指针的示数，他读取的数值比实际指示的数值大还是小？

3．使用一块磁铁在万用表上面晃动，观察指针的变化。

4．将指针式万用表水平放置、倾斜放置、竖直放置，观察指针的变化。

5．将万用表转换开关拨到欧姆 R×10 k 量程，将表笔放在人身体的不同部位，观察指针的偏转，并读取电阻值。

任务2　指针式万用表测量电阻

测量电阻是做好计算机安装调试与维修、网络及相关设备的维护与维修、电子设备装配调试、电子器件制造等工作的基本技能。

操作过程

1．欧姆挡的表盘与量程

在表盘上，标有"Ω"标记或"OHMS"标记的刻度线是电阻刻度线或欧姆刻度线，

图1-9　MT-2018型万用表的转换开关

如图 1-8 所示。欧姆刻度线的最右端为 0，最左端为 ∞，不均匀分布，从右向左刻度线的数值逐渐增大，逐渐变密。右边的数字以个位数递增，中间的数字以十位数递增，左边的数字以百位数递增，最左边的三条刻度线分别是 ∞、2k、1k。

万用表转换开关的欧姆挡标有"Ω"标记，如图 1-9 所示为 MT-2108 型万用表的转换开关。欧姆挡有 R×1、R×10、R×100、R×1k、R×10k 等量程，这些量程称为倍率。被测电阻的实际阻值等于指针所指示数值乘以量程的倍率。

2．测量电阻的步骤

（1）将转换开关转到欧姆挡的适当量程（R×1、R×10、R×100、R×1k 或 R×10k），短接两个表笔，调节欧姆调零旋钮，使指针指向最右边的 0Ω 刻度处，即先进行"欧姆调零"。

（2）用红、黑表笔分别接触待测电阻的两端。注意两只手不能同时接触电阻两端，防止人体电阻与被测电阻并联，影响测量精度。

（3）读取指针的示数。如果指针偏左，表示被测量电阻的阻值较大，转换开关应向高倍率的量程拨动。假设使用 R×100 量程，指针偏左，转换开关应拨到 R×1k 量程，再进行测量。若指针偏右，表示被测量电阻的阻值较小，转换开关应向低倍率量程拨动。如果使用 R×100 量程，指针偏右，转换开关应拨到 R×10 量程，再进行测量。

（4）计算被测电阻阻值。

电阻的阻值=指针所指示数值×量程的倍率

假设：转换开关拨到 R×100 量程，指针指在 22 刻度处，如图 1-10 所示，则被测电阻的阻值为 $R=22×100=2200Ω$。

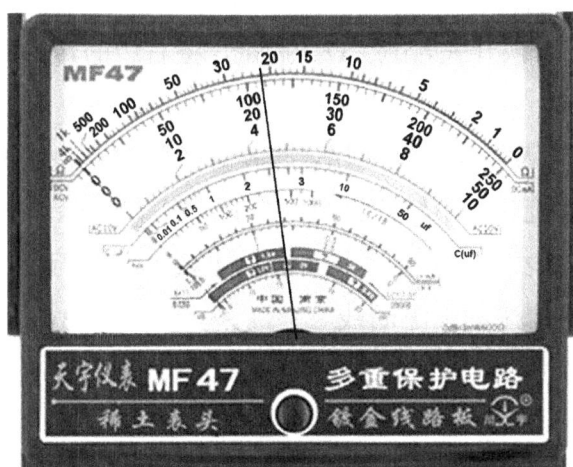

图 1-10　测量电阻

3．注意事项

（1）由于电阻挡刻度线是非均匀分布的，左边的数值较密，右边的数值较稀，转换开关的量程设置不合适会使读数产生较大误差。假设被测电阻的阻值为 2200Ω，如果转换开关拨到 R×1k 量程，指针指向"2"多一点的位置，由于下一小格为"3"，很难精确读出 2.2。如果将转换开关拨到 R×10 量程，指针指向"200"多一点的位置，由于下一小格为"300"，也很难精确读出 220。因此，测量电阻时应尽量使万用表的指针在表盘的中间位置，即全刻度的 20～80%范围内。

（2）在选择合适量程时，可以不用每次都进行欧姆调零。在选定合适量程后，必须先执行欧姆调零操作，再测量电阻阻值，以防止产生误差。

（3）人的两手之间有电阻，手同时触及被测电阻的两端，则人的两手之间的电阻就会与被测电阻并联，使测量结果产生误差。

（4）测量电阻时必须断开电路的供电，严禁带电测量电阻，否则容易损坏万用表。

4．常见故障的排除

（1）测量电阻时指针不偏转。

在测量电阻时，如果万用表的指针不动，可能是万用表的故障，也可能是电阻损坏，或者选择的量程太小，指针偏转的角度太小，人眼观察不到。因此，当出现此故障时，先短接万用表的红、黑表笔，如果指针依然不动，则万用表有故障；如果指针发生偏转，则万用表正常，将转换开关拨到较高量程再进行测量；如果在最高量程测量电阻而指针依然不偏转，则电阻损坏。

（2）短接红、黑两个表笔，指针不偏转。

依次检查下列五项：

① 转换开关是否在电阻测量的挡位。另外，MF 500 型指针式万用表有两个转换开关，如图 1-4 所示，应将左边的转换开关转到"Ω"挡位，将右边的转换开关转到相应的量程上才能进行测量。

② 转换开关接触不良。万用表长期使用，转换开关的触点会被氧化，造成接触不良的故障。短接红、黑两个表笔，旋转一下转换开关，一般就可以排除转换开关的接触不良故障。

③ 表笔是否断线。万用表的表笔是易损部件，更换另一对万用表的表笔并短接红、黑表笔，如果指针发生偏转，则原来的表笔断线。

④ 电池是否有电。指针式万用表的电阻挡使用电池供电，电池失效或接触不良都有可能造成短接表笔时指针不偏转。打开万用表后盖，检查或更换电池，再短接表笔，如果指针偏转，则故障原因为电池无电。

⑤ 保险管是否熔断。有的万用表装有保险管，如图 1-11 所示，用户操作失误（如转换开关放在电阻挡，用万用表测量电压），造成电流过大，将熔断保险管，以保护表内其他电路。如果保险管熔断，一定要更换相同规格的保险管，不要使用超过额定电流的保险管。

（3）短接红、黑表笔，指针反偏。

即指针向左偏转，故障原因是万用表内部电池的正、负极装反了。打开万用表的电池盖，取出电池，再反过来安装即可。

（4）R×1、R×10、R×100、R×1k 量程正常偏转，R×10k 量程反偏转。

指针式万用表只有 R×10k 量程使用一节 9V 或 15V 的层叠电池供电，这种故障的原因是层叠电池安装反了。打开电池盖，将层叠电池反过来安装即可。

（5）调节欧姆调零旋钮，指针不能调节到 0Ω 刻度。

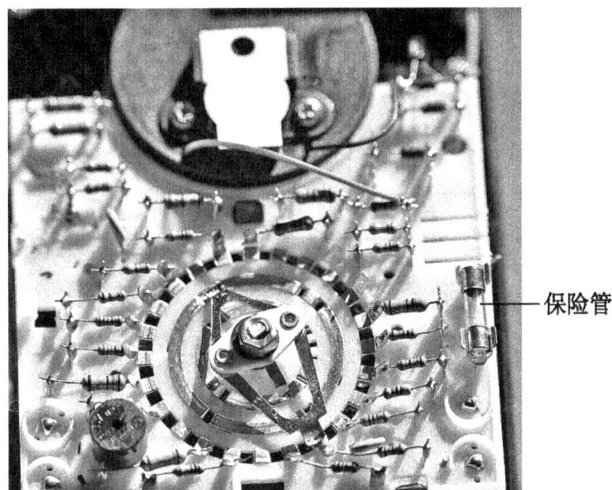

图1-11　万用表的保险管

这种故障的原因是表内的电池电量不足，更换新电池即可。有时电池电量不足时，表现为在 R×10、R×100、R×1k 量程能将指针调到 0Ω 刻度，在 R×1 量程不能将指针调到 0Ω 刻度。如果 R×10k 量程不能将指针调到 0Ω 刻度，则是高压层叠电池的电量不足的原因。

自我检测

1．某同学测量某个电阻，将万用表的转换开关拨到 R×10k 量程，短接红、黑表笔进行电调零，再用表笔接触被测电阻两端，指针指向 0Ω 刻度，他得出被测电阻的阻值为 0。他的结论正确吗？为什么？

2．某同学测量某个电阻，将转换开关拨到 R×1 量程，进行电调零，用红、黑表笔接触被测电阻两端，指针没有偏转，得出被测电阻损坏。他的结论正确吗？为什么？

3．测量电阻。

准备 10 个电阻，读取电阻的标称值，用万用表测量它的实际值，计算电阻的绝对误差（标称值与实际值之差的绝对值）和相对误差（绝对误差值/实际值×100%），判断误差是否在允许的范围内，是否合格，并填写表 1-1。

表 1-1　测量不同电阻的阻值

序　号	标　称　值	指 针 示 数	量　程	实　际　值	绝 对 误 差	相 对 误 差	是 否 合 格
1							
2							
3							
4							
5							
6							
7							

续表

序　号	标　称　值	指针示数	量　　程	实　际　值	绝对误差	相对误差	是否合格
8							
9							
10							

4．选几个阻值较大的电阻进行测量，手不接触电阻和表笔的金属部分、手捏住电阻的一端、手捏住电阻的两端，观察测量结果的变化，并填写表 1-2。（电阻值在 10kΩ 以上时，效果比较明显）

表 1-2　不规范测量产生的误差

序　号	标　称　值	手不接触电阻和表笔的金属部分	手捏住电阻一端	手捏住电阻两端
1				
2				
3				
4				
5				

5．准备两台指针式万用表，将万用表 1 的转换开关置于直流电压挡，用万用表 2 测量万用表 1 不同量程电压挡的阻值，并填写表 1-3。

表 1-3　电压挡不同量程的电阻值

电压挡量程（V）	阻　值	电压挡量程（V）	阻　值
1		50	
2.5		250	
10			

相关知识

色环电阻是电子电路中最常用的电子元件之一，主要应用在圆柱形的电阻器上，如碳膜电阻、金属膜电阻、金属氧化膜电阻等，可以保证电阻无论按什么方向安装都可以方便、清楚地看见色环。色环的不同颜色代表相应的数值和误差，其数值的对应关系如下：

棕 1 红 2 橙 3 黄 4 绿 5 蓝 6 紫 7 灰 8 白 9 黑 0

误差的对应关系如下：

棕±1%　红±2%　金±5%　银±10%

色环电阻分为 4 色环和 5 色环，如图 1-12 所示。

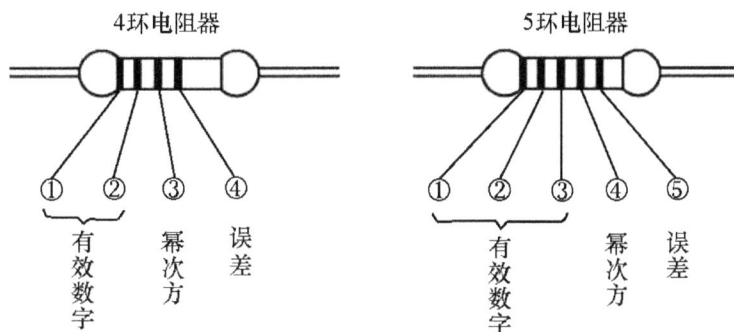

图 1-12　色环电阻

对于 4 色环的电阻，第 1 色环代表十位上的数值，第 2 色环代表个位上的数值，第 3 色环代表 10 的幂次方，第 4 色环代表误差，即

阻值=（第 1 色环数值×10+第 2 色环数值）×10 的第 3 色环数值的幂次方

例如，某电阻的色环为棕绿红金，则

第 1 位是 1；第 2 位是 5；第 3 位是 2；第 4 位是误差 5%。该电阻的阻值为：

$$R=15×10^2Ω=1500Ω=1.5kΩ$$

4 色环的电阻误差为 5～10%，5 色环的电阻误差为 1%，精度提高了。对于 5 色环的电阻，第 1 色环代表百位上的数值，第 2 色环代表十位上的数值，第 3 色环代表个位上的数值，第 4 色环代表 10 的幂次方，第 5 色环代表误差（通常是棕色，误差为 1%），即

阻值=（第 1 色环数值×100+第 2 色环数值×10+第 3 色环数值）×10 的第 4 色环数值的幂次方

例如，某电阻的色环为黄紫红橙棕，则

前三位数字是 472，第 4 位表示 10 的 3 次方，即 1000。该电阻的阻值为：

$$R=472×1000Ω=472kΩ$$

任务 3　测量二极管、判断三极管的类型

指针式万用表在测量二极管和三极管时能提供更多的信息。例如，有的二极管在较高电压下的反向漏电流较大。在计算机安装调试与维修、网络及相关设备的维护与维修、电子设备装配调试、电子器件制造等工作中，使用指针式万用表可帮助判断一些疑难问题。

操作过程

1．测量二极管

二极管具有单向导电特性，即电流只能从二极管的正极流入，从负极流出。二极管的正极接高电位，负极接低电位，二极管导通；反之，二极管的正极接低电位，负极接高电位，

则二极管处于截止状态，几乎没有电流流过二极管。利用二极管的这个特性，可以使用万用表判断二极管的正极和负极。二极管上标有色环，带色环的一端为负极，如图1-13所示。

图1-13　带色环一端为负极

指针式万用表的转换开关拨到欧姆挡时，红表笔插座接表内电池的负极，黑表笔插座接表内电池的正极。虽然红表笔插座上标有"+"符号，但红表笔为低电位，而黑表笔为高电位。如果黑表笔接二极管的正极，红表笔接二极管的负极，二极管加正向偏压而导通，指针偏转一定角度。交换两个表笔，二极管加反向偏压而截止，指针不动。

测量一个不知道正极和负极的二极管，一般将万用表的转换开关拨到R×1k量程，两个表笔分别接在二极管的两个引脚上，如果指针偏转，黑表笔接的引脚是二极管正极，红表笔接的引脚是负极，如图1-14所示；如果指针不偏转，黑表笔接的引脚是负极，红表笔接的引脚是正极。将表笔对调再测量一次，与第一次测量的结果相反，则该二极管性能良好。如果两次测量指针均偏转或均不偏转，则该二极管损坏。

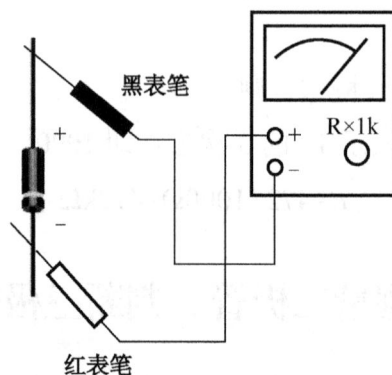

图1-14　二极管正向导通

2. 判断三极管的类型和基极引脚

晶体三极管有NPN和PNP两种类型。NPN型三极管两端是N型半导体，中间是P型半导体，可以把NPN型三极管看成是正极连接在一起的两个二极管，如图1-15所示。

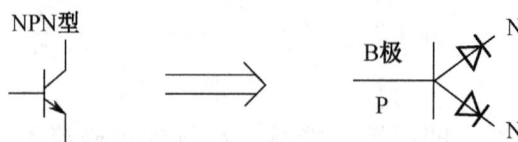

图1-15　NPN型三极管

二极管的特性：P 接高电位，N 接低电位，二极管导通，反之二极管截止。根据这个特点，万用表的黑表笔接 NPN 三极管的 B 极，红表笔接三极管的 C 极，指针偏转；黑表笔固定不动，红表笔接三极管的 E 极，指针也偏转，如图 1-16 所示。反之，如果将红表笔接 NPN 三极管的 B 极，黑表笔分别接三极管的 C 极和 E 极，指针均不偏转。

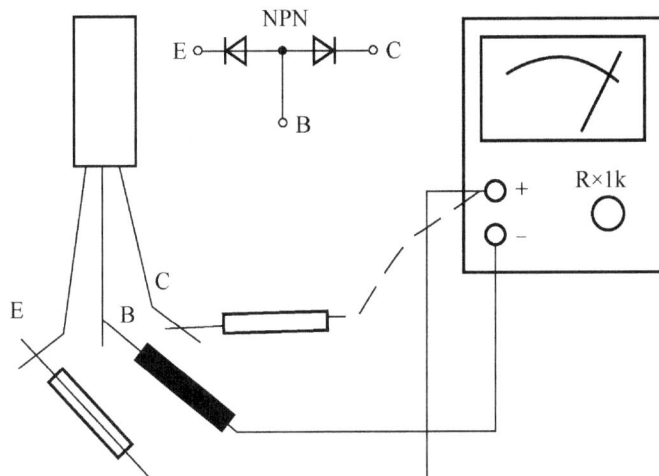

图 1-16　黑表笔接基极，红表笔分别接集电极和发射极

PNP 型三极管是由两块 P 型半导体中间夹着一块 N 型半导体组成的，可以看成是负极连接在一起的两个二极管，如图 1-17 所示。红表笔接 PNP 三极管的 B 极，黑表笔分别接三极管的 C 极和 E 极，指针将偏转，如图 1-18 所示；反之，如果将黑表笔接 PNP 三极管的 B 极，红表笔分别接三极管的 C 极和 E 极，指针均不偏转。

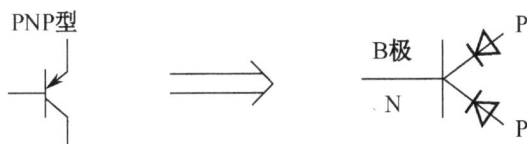

图 1-17　PNP 型三极管

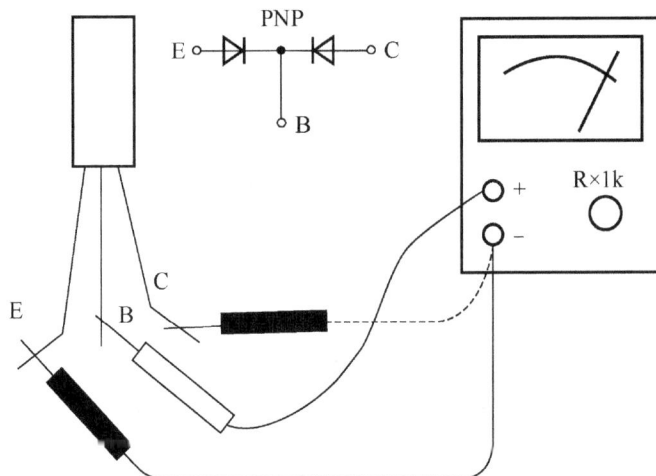

图 1-18　红表笔接基极，黑表笔分别接集电极和发射极

13

图 1-20　发光二极管引脚面积大的是负极，引脚面积小的是正极

任务 4　判断三极管的集电极和发射极

在没有图示仪等专业的测量三极管设备的情况下，使用万用表是判断三极管的集电极和发射极的最准确的方法。在测量的过程中还可以估测三极管的漏电流等参数，是参加电子类、网络类、通信类、电工类等证书的考试所必须掌握的中级技能。

操作过程

1. 万用表测量三极管集电极和发射极的原理

晶体三极管具有电流放大作用，普通小功率三极管的集电极电流是基极电流的 100 倍，即当三极管的基极有微小电流变化时，它的集电极将有较大的电流变化。假设被测三极管为 NPN 型，用黑表笔接触它的集电极，红表笔接发射极，基极悬空，由于基极没有电流，集电极只有微小的漏电流，流过万用表的电流也较小，万用表的指针的偏转角度很小或不偏转，如图 1-21 所示。如果在集电极和基极之间加一个电阻，电源通过该电阻为基极提供一个较小的偏置电流，集电极将产生较大的电流，流过万用表的电流也较大，使万用表的指针有较大的偏转，如图 1-22 所示。

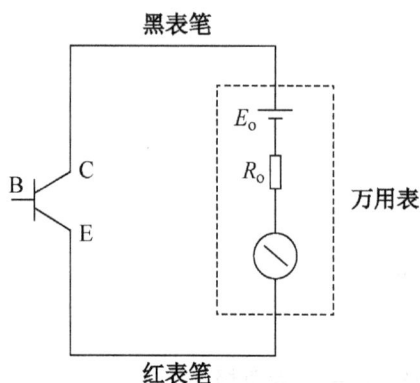

图 1-21　基极悬空，指针不偏转

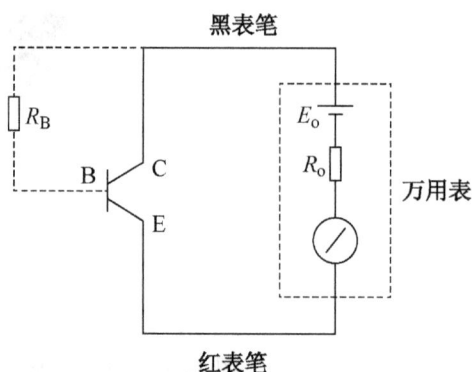

图 1-22　基极接偏置电阻，指针有较大偏转

PNP 型三极管的测量方法与 NPN 型的相似，只是将两个表笔对调一下，即红表笔接集电

极，黑表笔接发射极。

在实际的操作中，常用手指代替基极偏置电阻。用红、黑表笔分别接三极管的集电极和发射极，指针的偏转角度很小；手指同时接触集电极和基极，可以看到指针向右偏转；手指离开基极，指针又回到原位，如图 1-23 所示。

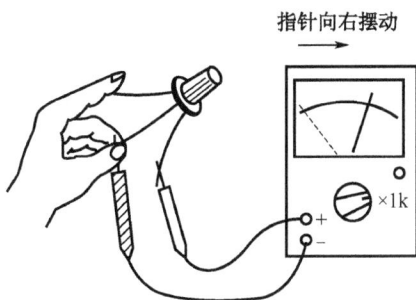

图 1-23　手指同时接触集电极和基极

2．万用表测量三极管集电极和发射极的步骤

（1）将万用表转换开关拨到 R×1k 量程。

（2）确定三极管的类型和基极引脚位置。

（3）假设其中一个引脚是集电极，则另一个引脚为发射极。

（4）如果被测管是 NPN 型三极管，黑表笔接假设的集电极，红表笔接发射极，观察指针的偏转角度；手指同时接触集电极（或黑表笔）和基极，指针应向右摆动，记下指针偏转的角度。

（5）假设另一个引脚为集电极，对调表笔，再执行一次上面步骤的操作，记下此次指针偏转的角度。

（6）两次测量中，指针摆动幅度较大的那一次，黑表笔所接引脚为集电极，红表笔所接引脚为发射极。指针摆动幅度越大，说明被测三极管的 β 值越大。

（7）如果被测管是 PNP 型三极管，红表笔接假设的集电极，黑表笔接发射极，手指同时接触集电极（或红表笔）和基极，观察指针的偏转情况。两次测量中指针摆动幅度大的那一次，红表笔所接引脚为集电极，黑表笔所接引脚为发射极。

手比较干燥时手的电阻较大，万用表的指针的偏转角度小，测量效果不明显。将手沾湿再进行测量，效果比较明显。

3．测量晶体管放大倍数

MF 47 型指针式万用表可以估测晶体三极管的放大倍数，步骤如下：

（1）使用前面的方法判断出三极管的类型和三个引脚 e、b、c 的位置。

（2）将转换开关拨到"ADJ"挡，如图 1-24 所示，短接红、黑表笔，调节欧姆调零旋钮，使指针指向最右边 0Ω 刻度。

图 1-24　选择"DAJ"挡

（3）将转换开关拨到"hFE"挡，将 PNP 型三极管的三个引脚对应插入标有 N 的 e、b、c 插孔内，将 NPN 型三极管的三个引脚对应插入标有 P 的 e、b、c 插孔内，指针发生偏转。

（4）在 hFE 刻度线上的数字即为该三极管的直流放大倍数，如图 1-25 所示。

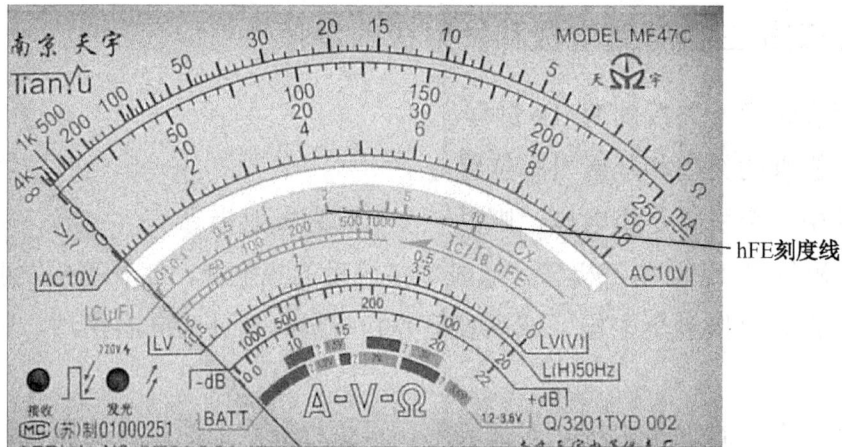

图 1-25　三极管的直流放大倍数

（5）测量结果可能有一定的误差，仅供参考。

自我检测

使用万用表判断 10 个三极管的集电极和发射极，使三极管的引脚向下，平面朝向自己，写出引脚排列顺序（如 ebc），并填入表 1-6 中。

表 1-6　判断三极管的集电极和发射极

序　号	三极管类型	引脚排列顺序	序　号	三极管类型	引脚排列顺序
1			6		
2			7		
3			8		
4			9		
5			10		

任务 5　指针式万用表测量电压

在参加电子类、网络类、通信类、电工类等证书的考试中，使用万用表测量电压是必须掌握的基本技能。

操作过程

1．指针式万用表电压挡

指针式万用表表盘上的直流电压和交流电压使用相同的刻度线，在刻度线的左边（或右边）有一个电压标注 V，V 下有表示直流电压的短线"—"和表示交流电压的波浪线"～"，如图 1-26 所示。表盘上的电压一般有三条刻度线，其显示范围分别是 0～10V、0～50V 和 0～250V，刻度线上的数字均匀分布。

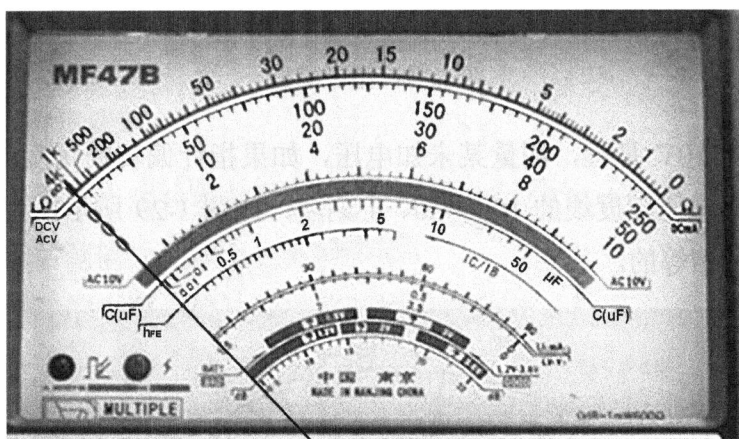

图 1-26　表头的电压挡

指针式万用表转换开关的电压挡分为直流电压挡和交流电压挡，如图 1-27 所示。直流电压挡用"V̠"标注，有的万用表标注为"DCV"。交流电压挡用"Ṽ"标注，有的万用表标注为"ACV"。

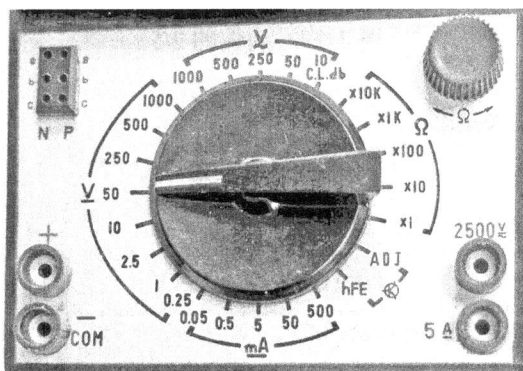

图 1-27　直流电压和交流电压挡

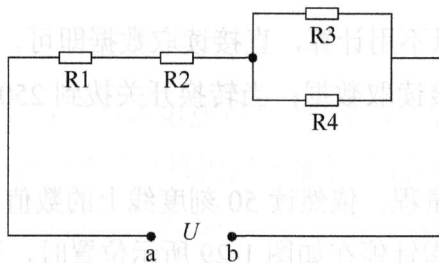

图 1-30　测量电阻两端电压

表 1-7　测量电路中电阻两端的电压

序　号	U_{ab}(V)	U_{R_1}(V)	U_{R_2}(V)	U_{R_3}(V)	U_{R_4}(V)
1	1				
2	2				
3	5				
4	10				
5	25				

任务 6　指针式万用表测量电流

在参加电子类、网络类、通信类、电工类等证书的考试中，使用万用表测量电流比测量电压能提供更多的信息。

操作过程

1. 电流测量的表盘及转换开关

一些指针式万用表只能测量直流电流，不能测量交流电流。在表盘上，电流与电压使用相同的刻度线，在刻度线的右边（或左边）有一个电流的标示 mA。MF 47 型指针式万用表的直流电流转换开关有 mA 标志，有 0.05mA、0.5mA、5mA、50mA、500mA 等 5 个量程，如图 1-31 所示，指示该量程能测量的最大电流。数值的读取方法与电压的读取方法相同。MF 47 型指针式万用表右下角有一个 5A 的插座，红表笔接 5A 的插座，黑表笔接 COM 插座，可以测量最大为 5A 的电流。

2. 测量方法和步骤

测量电路中某点的电流时，一定要断开电路中该点的连接，将万用表串联在断点上，让电流从红表笔流入，从黑表笔流出。具体步骤如下：

（1）断开电路板的电源。

（2）焊开被测元件的一个引脚。

（3）将万用表转换开关拨到电流挡，估测被测电流的大小，如果不知道被测点电流的大小，将转换开关放在电流量程的最高量程。

（4）万用表的红、黑表笔分别接元件焊开的引脚和线路板的焊点，保证电流从红表笔流入，从黑表笔流出。

（5）接通被测电路的电源，读取电流数值。

（6）测量结束，断开电路板的电源，断开万用表，重新焊接被测元件。

电流的测量比电压的测量操作复杂。

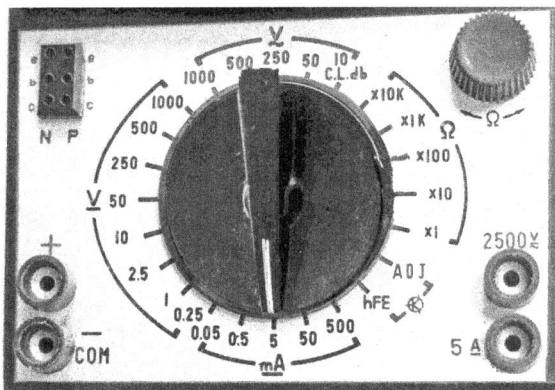

图 1-31　电流挡

3．注意事项

（1）严禁不断开电路，直接将表笔跨接在电阻两端来测量电阻的电流，这样做不仅测不了流过电阻的电流，反而容易烧毁万用表或电路板。

（2）随意断开电路，有些电路可能会被烧坏，所以测量顺序为先串联电流表，后接通电源。测量结束后应先关闭电源，再断开电流表。

（3）在测量过程中不能拨动转换开关，如需转换量程，应先断开电路板的电源，再拨动转换开关。

（4）如果指针反向偏转，则应关闭电源，对调表笔后再进行测量。

自我检测

将图 1-30 所示电路的 a、b 两端与稳压电源相连接，调节输出电压，测量电路中流过电阻的电流并填写表 1-8。

表 1-8　测量电路中流过电阻的电流

序　号	$U_{ab}(V)$	$I_{R_1}(mA)$	$I_{R_2}(mA)$	$I_{R_3}(mA)$	$I_{R_4}(mA)$
1	1				
2	2				
3	5				
4	10				
5	25				

任务7 指针式万用表测量电池电量、电容和电感

由于数字万用表的出现，指针式万用表在测量电池电量、电容和电感的应用已经降低，在各类相关证书的考试中，可以用指针式万用表验证数字万用表测量的结果。

📖 操作过程

1. 电池电量的测量

电池有电动势和内阻两个参数，万用表的电压挡只能测量电池的电动势。当电池接近失效时，虽然电动势依然很大，但由于其内阻比较大，无法提供额定的输出电流，电池也不能使用。因此，判断电池能否提供额定电流的方法是：在电池的输出端接一个负载，再测量电池的输出电压。这种方法能更准确地反映电池的状态。如果接负载后测量的电压等于或略低于额定电压，电池可以正常使用；如果电池空载电压很高，接负载后电压值下降到一个很低的数值，则此电池不能使用。

有的指针式万用表提供了电池电量的测量功能，转换开关上有 BATT 挡位，对应的表盘上有 BATT 刻度线，如图 1-32 所示。BATT 刻度线上的红色区域表示电池电力不足，"？"区域表示电池尚能使用，绿色区域表示电池电力充足，如图 1-33 所示。当转换开关拨到电池测量挡时，两个表笔之间接有负载电阻，阻值在 8～12Ω。测量时红表笔接电池正极，黑表笔接电池负极，观察指针在 BATT 刻度线上的刻度，即可判断电池的性能。

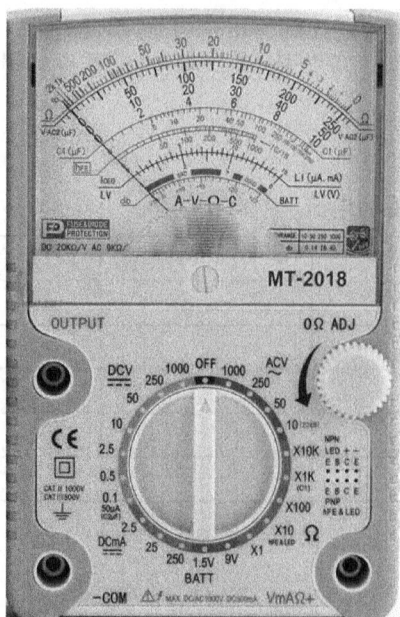

图 1-32 有电池电量测量功能的万用表

图 1-33 BATT 刻度线区域

2．电容的测量

有些指针式万用表可以测量电容的值。在转换开关上，电容的测量挡在电阻的 R×1k 量程上，如图 1-34 所示，表盘上有 C（μF）刻度线，如图 1-35 所示。具体测量步骤如下：

（1）对被测电容进行放电，以减小测量误差。

（2）估计被测电容的容量，将转换开关拨到相应的量程上。

图 1-34 有电容测量功能的万用表

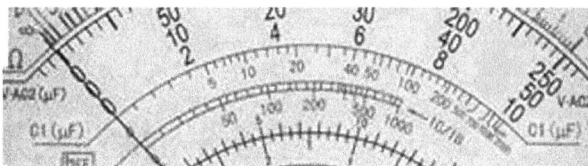

图 1-35 表盘上的 C（μF）刻度线

（3）短接红、黑表笔，旋转调零电位器校准调零。

（4）黑表笔接被测电容的正极，红表笔接被测电容的负极，观察万用表的指针摆动的最大位置，最大位置的数值为被测电容的容量。

3．电感的测量

有些指针式万用表可以测量电感的值，在转换开关上，电感的测量挡在交流电流 10V 量程上，表盘上有 L（H）刻度线。具体测量步骤如下：

（1）准备一个交流 10V/50Hz 标准电压源。

（2）将万用表转换开关拨到电感测量挡，被测电感的一端接交流 10V/50Hz 电源，另一端接任意一只表笔，另一只表笔接电源的另一端。

（3）指针在 L（H）刻度线上指向的数值即为被测电感值。

4．标准电阻应用

在一些特殊情况下，可利用万用表的直流电压挡或电流挡作为标准电阻使用，一般在万用表表盘的左下角有直流电压挡和交流电压挡的内阻说明。如图 1-36 所示，"DC 20kΩ/V"表示当转换开关在直流电压挡时，1V 相当于 20kΩ 的标准电阻。例如，当转换开关拨到直流 2.5V 量程时，两个表笔之间的电阻为：

$$R=2.5V×20kΩ/V=50kΩ$$

其余各量程依次类推。

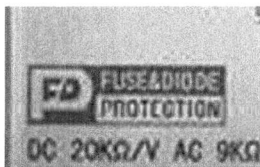

图 1-36 直流电压挡和交流电压挡内阻说明

自我检测

1．选取几块基本失效的电池，分别使用万用表的电压挡和电流挡测量电池的电压，两种测量方法得到的结果有什么区别？为什么？

2．选取几个已知容量的电容，用指针式万用表测量电容的容量，比较与实际值的误差。

3．将 A 万用表拨到电压挡，用 B 万用表测量 A 万用表的电阻，观察 A 万用表的电阻值是否准确。

任务8　指针式万用表综合实训

实训目的

（1）熟悉元器件的工作原理。

（2）掌握使用指针式万用表测量元器件的方法。

实训器材

（1）连接器件：多股电线，电源线，接线板，灯开关，空气开关，热水壶底座。

（2）电热器件：电烙铁，白炽灯泡，电热水壶，电饭锅。

（3）整流器件：全桥。

（4）发光器件：数码管，点阵模块。

（5）电池类：干电池，纽扣电池，蓄电池。

操作过程

测量电线

1．测量连接器件

检测器件的好坏是从事相关工作所要求的基本技能。例如，某设备无法开机，需要检查线路的连接状态；需要检查供电电线、电源线是否断路；需要检查空气开关是否正常工作等。在参加电工类证书的考试中，需要具备检测如灯口、灯开关、热水壶底座等设备好坏的技能。

（1）多股电线。

多股电线中的同一根电线要求电阻为 0Ω，电线与电线之间的电阻为 ∞，即绝缘性好。将万用表转换开关拨到 R×1 量程，短接两表笔，调节欧姆调零旋钮，使指针指向最右侧的 0 刻度。将一个表笔接其中一根电线的线芯，另一个表笔接同一根电线的另一端线芯，如图 1-37

所示，指针应该指向刻度盘最右端的 0 刻度，表示电阻为 0 或非常小。同理测量其他线芯的电阻，电阻也应该为 0 或非常小。再将转换开关拨到 R×10k 量程，表笔分别接触不同电线的线芯，如图 1-38 所示，测量电线之间的电阻，指针应该不动。如果某根电线的电阻较大或万用表的 R×10k 量程能读出两根电线之间的绝缘电阻，此电线不能使用。

图 1-37　测量同一根电线的线芯

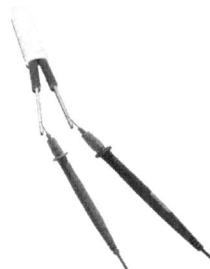

图 1-38　测量不同电线的线芯

（2）电源线。

电源线由外护套、内护套、导体组成，用于传输电流。一个正常使用的电源线，插头的插脚与对应插孔的电阻应该为 0Ω，插脚之间的电阻应该为 ∞。将指针式万用表转换开关拨到欧姆挡的 R×1 量程，短接两个表笔，旋转欧姆调零旋钮，对万用表进行电调零。将一个表笔接触插头的一个插脚，如图 1-39 所示，另一个表笔依次插入电源线的三个插孔，有且只有一个插孔的电阻为 0Ω，则此插脚的功能正常。若电阻偏大，或没有插孔与插头的插脚相通，或有多个插孔与插头的同一个插脚相通，则这根电源线有故障而不能使用。按照同样的方法测量插头的其余插脚。

测量电源线

图 1-39　测量电源线

将电源线的插头和插孔进行标注，如图 1-40 所示，测量它们之间的电阻，并填写表 1-9。

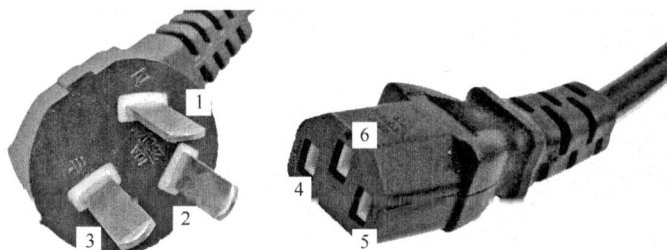

图 1-40　测量电源线

表 1-9　测量电源线的电阻

插脚/插孔	1	2	3	4	5	6
1	✕					
2		✕				
3			✕			
4				✕		
5					✕	
6						✕

（3）灯开关。

常见的灯开关有单控和双控两种类型，它们的前面板相同，如图 1-41 所示。单控开关的背面有两个接线端子，如图 1-42 所示，拨动前面板的翘板，两个接线端子导通或断开。将万用表的转换开关拨到欧姆挡 R×1 量程，短接表笔进行电调零，将红、黑表笔分别接触接线端子，按动前面板的翘板，指针应在 0Ω 和∞之间转换。若万用表的指针没有发生变化，或闭合时万用表的指针没有指到 0Ω，或断开时万用表的指针仍然有偏转，则此开关有故障。

图 1-41　前面板

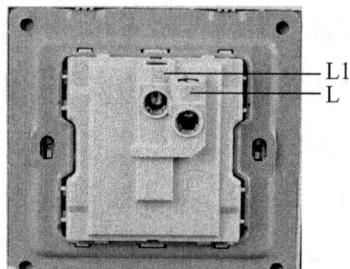

图 1-42　单控开关后面板

双控开关的后面板有三个接线端子 L、L1、L2，如图 1-43 所示。L 为公共端，与 L1 和 L2 构成两组开关，其原理图如图 1-44 所示。将万用表的转换开关拨到欧姆挡 R×1 量程，红、黑表笔分别接触 L 与 L1，拨动前面板的翘板，万用表的指针应在 0 和∞之间转换；红、黑表笔分别接触 L 与 L2，拨动前面板的翘板，万用表的指针应在 0 和∞之间转换；红、黑表笔分别接触 L1 与 L2，拨动前面板的翘板，万用表的指针应该不动，一直指向∞。如果不符合这个规律，则此开关有故障。

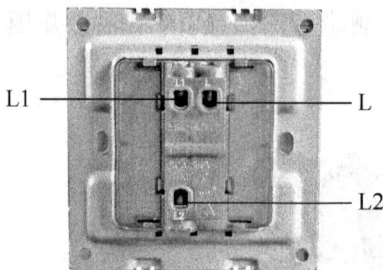

图 1-43　双控开关后面板

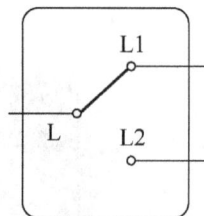

图 1-44　双控开关的原理图

将翘板上端按下，测量 L 和 L1、L 和 L2、L1 和 L2 之间的电阻。将翘板下端按下，测量 L 和 L1、L 和 L2、L1 和 L2 之间的电阻。填写表 1-10。

表 1-10　测量灯开关的电阻

	L 与 L1	L 与 L2	L1 与 L2
翘板上端按下			
翘板下端按下			

（4）灯口。

最常见的螺纹式灯口的正面如图 1-45 所示，灯口背面引出两个接线柱，如图 1-46 所示。将万用表调至欧姆挡 R×1 量程，先电调零。将一个表笔接触灯口正面的中心点，另一个表笔分别测量灯口背面的 1 脚、2 脚，指针分别指向 0Ω 和 ∞；再将一个表笔接触灯口正面的螺纹式铜圈，另一个表笔分别测量灯口背面的 1 脚、2 脚，指针分别指向 0Ω 和 ∞；将红、黑表笔分别接触灯口正面的中心点和螺纹式铜圈，指针不动，指向 ∞；将红、黑表笔分别接触灯口背面的 1 脚、2 脚，指针不动，指向 ∞。如果测量结果不符合这个规律，则此灯口有故障。

测量灯口

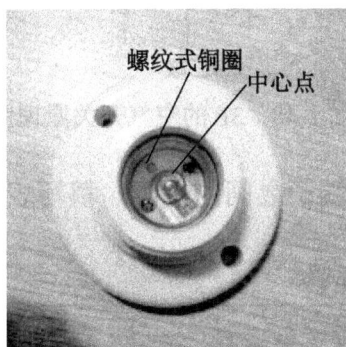

图 1-45　灯口正面

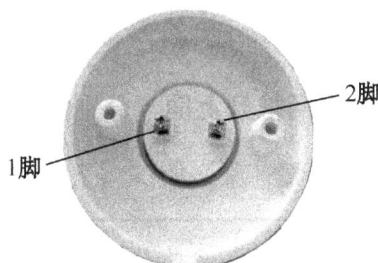

图 1-46　灯口背面

测量 1 脚、2 脚、中心点、螺纹式铜圈之间的电阻，填写表 1-11。

表 1-11　测量灯口的电阻

	1 脚	2 脚	中　心　点	螺纹式铜圈
1 脚				
2 脚				
中心点				
螺纹式铜圈				

（5）空气开关。

空气开关，又名空气断路器，是断路器的一种，通过推动手柄来实现电路的通断。如图 4-47 所示为 3P 的空气开关，如图 4-48 所示为 3P 的空气开关原理图。将开关手柄推到

高电位，正极端接低电位，内部的二极管单向导通。

用指针式万用表的黑表笔接内部电池的正极，红表笔接内部电池的负极。根据全桥的结构，使用指针式万用表测量全桥好坏的步骤如下：

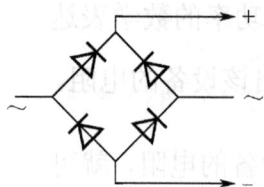

图 1-50　全桥电路

图 1-51　全桥实物图

（1）将万用表的转换开关拨到 R×1k 量程，红表笔接全桥的正极端，黑表笔分别接两个交流端和负极端，万用表的指针应有较大幅度的摆动。黑表笔接全桥的负极端，红表笔分别接交流端，万用表的指针应有较大幅度的摆动。

（2）将万用表的转换开关拨到 R×10k 量程，黑表笔接全桥的正极端，红表笔分别接两个交流端和负极端，万用表的指针不动或摆动幅度很小。红表笔接负极端，黑表笔分别接交流端，万用表的指针不动或摆动幅度很小。

如果测量结果不符合预测值，则全桥有故障。

在表 1-14 中，用红表笔接第 1 列的各端子，黑表笔接第 1 行的各端子，填写万用表的指针摆动的幅度（大、小）。再用万用表进行测量，验证结果。

表 1-14　测量全桥

	正 极 端	负 极 端	交流端 1	交流端 2
正极端				
负极端				
交流端 1				
交流端 2				

测量数码管

4．测量发光器件

很多数码设备都具有发光器件，在相关证书的考试中，测量发光器件的好坏能尽快缩小故障的范围。

（1）1 位数码管。

数码管将多个发光二极管封装在一起，组成"8"字形，如图 1-52 所示，共有 7 个显示字段，分别用字母 a～g 表示，称为七段数码管。有的数码管还有一个小数点，用字母 dp 表示，共有 8 个发光二极管，称为八段数码管。如果将所有发光管的负极连接在一起形成公共负极，称为共阴极数码管，如图 1-53 所示。将所有发光管的正极连接在一起形成公共正极，称为共阳极数码管，如图 1-54 所示。七段数码管有 8 个引脚；八段数码管有 10

个引脚。

将万用表的转换开关拨到电阻 R×10k 量程，红表笔接数码管的公共极，黑表笔接其余引脚，如果相应的笔画点亮，此数码管为共阳极数码管；黑表笔接数码管的公共极，红表笔接其余引脚，如果相应的笔画点亮，此数码管为共阴极数码管。

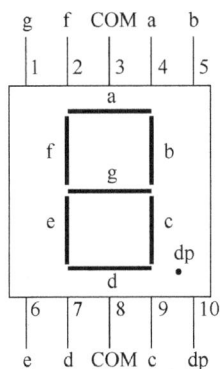

图 1-52　1 位数码管

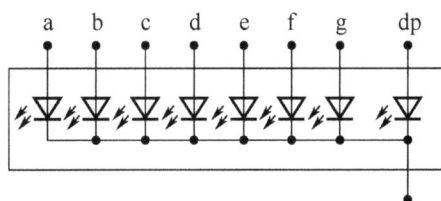

图 1-53　共阴极数码管

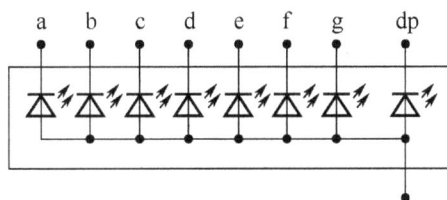

图 1-54　共阳极数码管

（2）2 位数码管。

将两组发光二极管封装在一起可组成 2 位数码管，如图 1-55 所示。其原理图如图 1-56 所示，两组发光二极管相同的笔画连在一起，它们的公共极不同。将万用表的转换开关拨到电阻 R×10k 量程，红表笔接第一个数码管的公共极，黑表笔接 a～h 引脚，如果相应的笔画点亮，此数码管为共阳极数码管；黑表笔接数码管的公共极，红表笔接 a～h 引脚，如果相应的笔画点亮，此数码管为共阴极数码管。用同样的方法可测量第二个数码管。

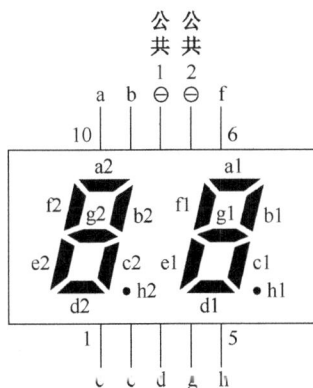

图 1-55　2 位数码管

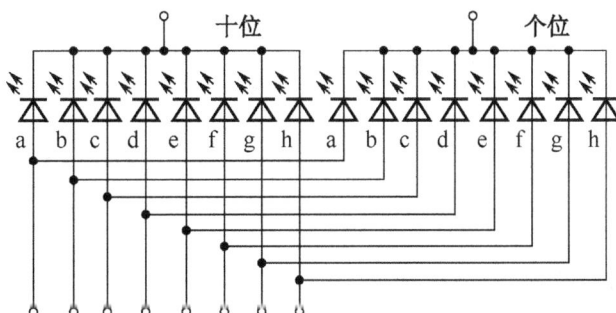

图 1-56　2 位数码管原理图

在表 1-15 中，用红表笔接第 1 列的各端子，黑表笔接第 1 行的各端子，观察点亮的笔画，不亮的画"×"，亮的填写表示的字母。并判断此数码管是共阴极还是共阳极。

表 1-15　测量数码管

	1	2	3	4	5	6	7	8	9	10
1	×									
2		×								
3			×							
4				×						
5					×					
6						×				
7							×			
8								×		
9									×	
10										×

5．测量电池电压

测量电压

计算机及周边设备、网络及相关设备的内部一般都有防止断电而保存基本数据的电池，在相关证书的考试中，需要掌握测量电池电压的技能。

普通的 1#、2#、5#、7#干电池的标准电压为 1.5V，测量前应将万用表的转换开关放在直流 2.5V 量程。有的纽扣电池的电压为 3V，测量前将万用表的转换开关应放在直流 10V 量程。手机电池的标准电压为 4.2V，测量前将万用表的转换开关放在直流 10V 量程。一节标准的铅酸蓄电池的电压为 12V，万用表的转换开关应放在直流 50V 量程。调整好量程后，用红表笔接电池正极，黑表笔接电池负极，读取数据并填写表 1-16。

表 1-16　测量电池电压

品　名	标 准 电 压	实 测 电 压
普通干电池		
纽扣电池		
手机电池		
铅酸电池		

任务9　数字万用表简介

数字万用表是近年来数字技术和芯片技术发展的结果，它通过数据采样、模数/数模转换、微处理器运算等进行参数测量和数据显示。数字万用表是参加与电相关证书的考试中常用的基本工具。

✎ *操作过程*

与指针式万用表相比，数字万用表的准确度高，有显示直观的特点。

1. 数字万用表面板

如图 1-57 所示为 VC890C 型数字万用表的面板。

显示屏：显示被测量的数据。与指针式万用表不同，数字万用表直接显示相应的数据，不用换算。VC890C 型数字万用表的显示位数为 $3\frac{1}{2}$ 位，后三位能显示 0～9 的数字，第一位只能显示 0 或 1，即最大显示数值为 1999。显示屏左上角显示的"APO"标志，表示该万用表具有自动关闭电源的功能，如图 1-58 所示。长时间不测量数据时，万用表可自动关闭电源，以节约电池电量。

数据保持按钮：测量时如果需要暂时固定测量结果（例如，让他人观察测量数值），按此按钮，屏幕上将显示"HOLD"标志，如图 1-58 所示，屏幕上将保持此时的测量数值，不再随着表笔的状态而改变。再次按此按钮即可恢复到实时测量状态。

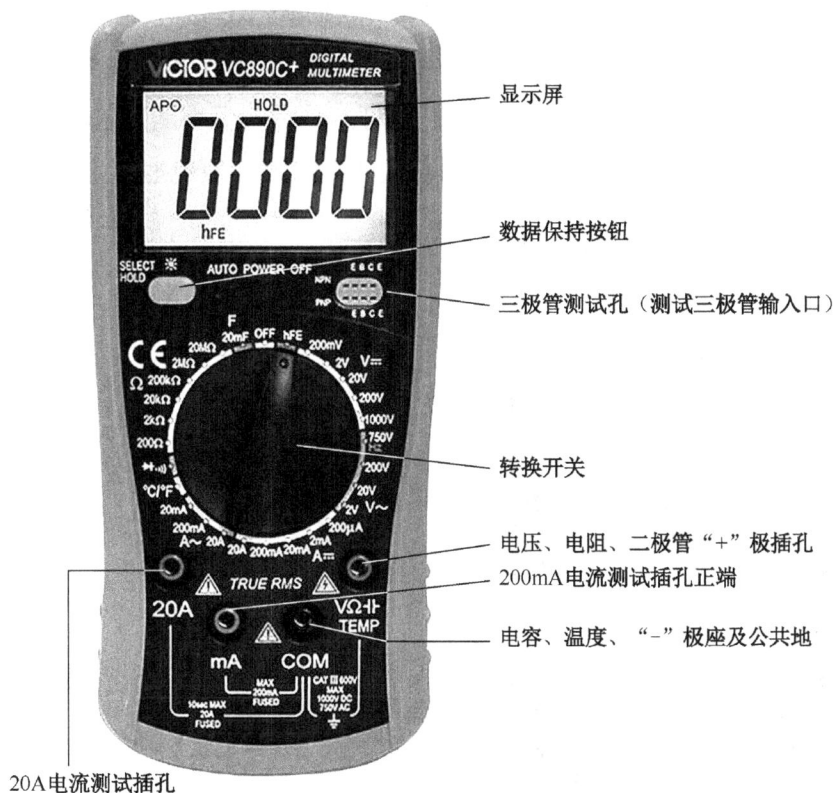

显示屏

数据保持按钮

三极管测试孔（测试三极管输入口）

转换开关

电压、电阻、二极管"+"极插孔

200mA 电流测试插孔正端

电容、温度、"−"极座及公共地

20A 电流测试插孔

图 1-57　VC890C 型数字万用表的面板

图 1-58　显示屏上的显示

转换开关：通过转换开关切换万用表的不同功能。VC890C 型数字万用表能够测量直流电压、交流电压、直流电流、交流电流、二极管导通电压、温度、电阻、电容及三极管放大倍数等，并具有蜂鸣功能，如图 1-59 所示。将转换开关转换到不同的量程，在显示屏上有相应的提示信息。将转换开关拨到"OFF"挡位，万用表将关闭电源。如果万用表有自动关机功能，可先将转换开关拨到"OFF"挡位，再拨到其他测量量程，重新启动电源。

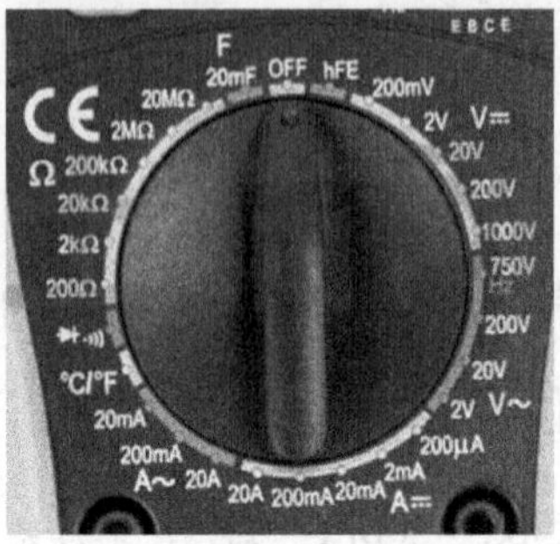

图 1-59　VC890C 型数字万用表的转换开关

VΩ 插孔：插孔下有"VΩ"标志，测量电压或电阻时，应将红表笔插入此插孔。

COM 插孔：插孔下面标注有"COM"标志，黑表笔插入此插孔。在测量不同的参数时，可调换红表笔的位置，但黑表笔的位置始终不变。

mA 插孔：测量电流时，将红表笔插入此插孔。此插孔最大测量电流不超过 200mA，插孔内有一个 0.2A 的保险管。

20A 插孔：测量电流时，如果被测电流超过 200mA 且小于 20A，则将红表笔插入此插孔进行测量。

2．数字万用表内部结构

旋开数字万用表背面的螺钉，打开后盖，其内部结构如图 1-60 所示。其核心部件是一块集成电路芯片，在集成电路芯片的周围配上相关的电阻、电容和显示屏，组成数字万用表的表头。万用表的内部有保险座和保险管，数字万用表不能测量电流时，可能是保险管熔断。在底部有一块层叠电池，如果数字万用表不能正常工作，也可能是电池电量低，需要更换电池。

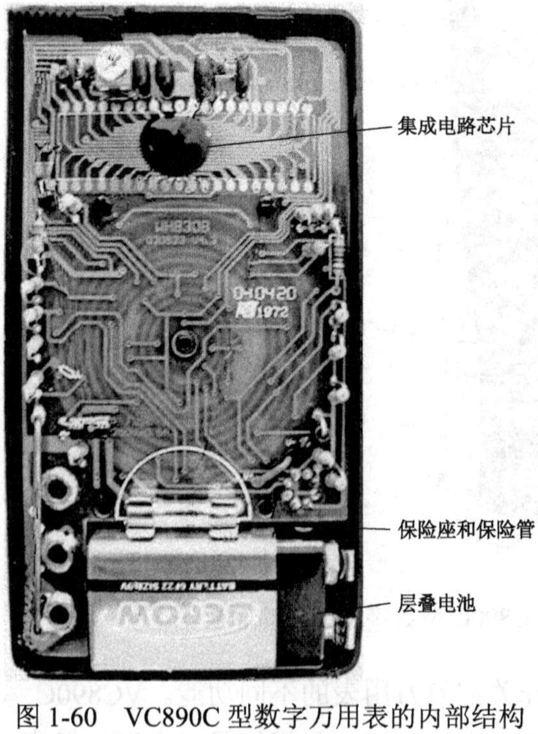

图 1-60　VC890C 型数字万用表的内部结构

自我检测

1．拨动数字万用表的转换开关，观察显示屏上字符的变化。

2．按数据保持按钮，拨动数字万用表的转换开关，观察显示屏上数字的变化。

3．使用数字万用表测量电路中的电流，测量结果为 0，与电路分析不符，检查电路没有故障，试分析可能是什么故障。如何检测？如何解决？

4．数字万用表的转换开关拨到直流电压挡时，显示屏上对应该量程将有什么提示信息？

任务 10　数字万用表的使用

数字万用表的电压量程是 10 倍率，指针式万用表的电压量程为 5/10/25 倍率。数字万用表测量三极管的放大倍数不准确，只具有参考价值，在具体应用及相关考试中要注意区别。

操作过程

1．电压的测量

测量电压时红表笔接电压、电阻表笔插孔，黑表笔接 COM 插孔。

在转换开关面板上直流电压挡的标识符为"V—"，有 200mV、2V、20V、200V、1000V 等量程，如图 1-61 所示。将转换开关拨到直流电压挡后显示屏上将显示"DC"和"V"的标识，如图 1-58 所示。转换开关面板上交流电压挡的标识符为"V～"，有 2V、20V、200V、750V等量程。将转换开关拨到交流电压挡后显示屏上将显示"AC"标识。

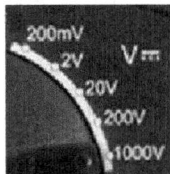

图 1-61　转换开关面板上的直流电压挡

根据被测电压的大小和类型，将转换开关拨到直流电压量程或交流电压量程，该量程的电压应大于被测量电压，如果不知道被测电压的数值，可将转换开关拨到最高电压量程。如果显示的数值前面有负号，表示红表笔接的是低电位，黑表笔接的是高电位。

2．电流的测量

测量电流时红表笔接电流表笔插孔，黑表笔接 COM 插孔。如果电流大于 200mA，将红表笔接 20A 电流表笔插孔。

在转换开关面板上直流电流挡的标识符为"A−"，有 200μA、2mA、20mA、200mA、20A 等量程；交流电流挡的标识符为"A∼"，有 20mA、200mA、20A 等量程，如图 1-62 所示。

图 1-62　转换开关面板上的直流电流挡和交流电流挡

根据被测电流的大小和类型，将转换开关拨到直流电流或交流电流相应的量程，该量程的电流应大于被测电流，如果不知道被测电流的数值，可将转换开关拨到最高电流量程。应保证万用表串接在被测电路中。测量直流电流时，如果显示的是一个负的数值，表示电流从黑表笔流入，从红表笔流出。

3．蜂鸣器、二极管的测量

在转换开关面板上，蜂鸣器、二极管测量的挡如图 1-63 所示。将转换开关拨到此挡，短接两个表笔或被测电阻小于 70Ω，蜂鸣器长响。测量二极管时，显示屏显示二极管正向压降，单位为"毫伏"。例如，显示"650"，表示二极管正向压降为 650mV，即 0.65V。

图 1-63　转换开关面板上的蜂鸣器、二极管测量挡

4．电阻的测量

测量电阻时红表笔接电压、电阻插孔，黑表笔接 COM 插孔。

在转换开关面板上电阻挡的标识符为"Ω"，有 200Ω、2kΩ、20kΩ、200kΩ、2MΩ、20MΩ 等量程，如图 1-64 所示。将转换开关拨到电阻挡的某个量程，表笔接触被测电阻，在显示屏上显示被测电阻的阻值。

图 1-64　转换开关面板上的电阻挡

5．电容的测量

在转换开关面板上电容测量挡的标识符为"F"，如图 1-65 所示。将转换开关拨到电容挡，表笔接触被测电容，在显示屏上显示被测电容的容量。

图 1-65　转换开关面板上电容测量挡

6．hFE 三极管放大倍数的测量

hFE 表示三极管的放大倍数，在转换开关面板上"hFE"挡的标志为"hFE"，如图 1-66 所示。将转换开关拨到"hFE"挡，将三极管插入三极管测试孔，在显示屏上显示被测三极管的放大倍数。

图 1-66　转换开关面板上的"hFE"挡

7．注意事项

（1）测量数值超过量程范围，屏幕将显示"1"，应将转换开关向高量程拨动。

（2）测量时数字不发生改变，可检查数据保持按钮是否按下。

（3）测量电压或电阻后，如果需要测量电流，除了将转换开关拨到相应位置，还应将表笔改到电流插孔上。反之，测量电流后，如果需要测量电压或电阻，应将表笔插到电压、电阻插孔上。

（4）数字万用表测量数据的反应速度比较慢，屏幕上的数字会变化一段时间，应等数字稳定后再读取数据。

（5）数字万用表能正常测量电压、电阻，测量电流时一直显示"0"，如果排除电路故障，可能是万用表内部的保险管熔断，需要打开万用表，更换保险管。

（6）使用蜂鸣挡测量二极管时，红表笔为高电位，黑表笔为低电位，即当显示二极管的导通电压时，红表笔接二极管的正极，黑表笔接二极管的负极。

自我检测

1．计算表 1-17 所示电热设备的电阻值，用指针式万用表测量其电阻值，再用数字万用表测量它的电阻，并填入表中。

表 1-17　测量电热器件的电阻

名　　称	功　　率	计 算 阻 值	指针式万用表测量阻值	数字万用表测量阻值
电烙铁	35W			
白炽灯泡	15W			

（2）电动器件：三相交流异步电动机，单向交流异步电动机。

操作过程

1．测量开关器件

检测启停按钮、继电器、轻触按钮等开关器件的质量是参加与电相关证书的考试中常见的基本要求。

（1）启动、停止按钮。

启动、停止按钮简称为启停按钮，常用于控制系统，如图 1-68 所示。启停按钮有两个常开触点和两个常闭触点，结构图如图 1-69 所示。启停按钮没有按下时，常开的两个触点处于断开状态，常闭的两个触点处于闭合导通状态；启停按钮被按下时，常开的两个触点转为闭合导通状态，常闭的两个触点转为断开状态。

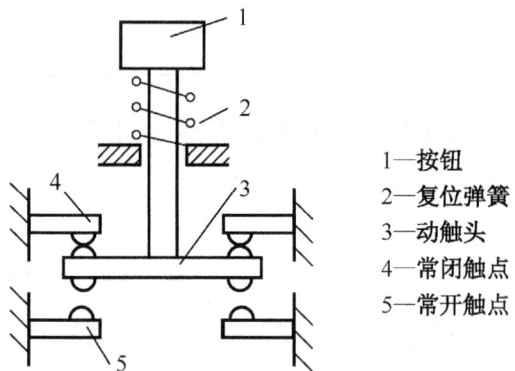

图 1-68　启停按钮　　　　　　　图 1-69　启停按钮的结构图

1—按钮
2—复位弹簧
3—动触头
4—常闭触点
5—常开触点

用万用表检测启停按钮的方法：将转换开关放在蜂鸣挡，不按下启停按钮，表笔依次测量 4 个接线端子，应该有 2 个端子闭合导通，蜂鸣器响，这 2 个端子为常闭触点的端子；另外 2 个端子断开，蜂鸣器不响，为常开触点的端子。按下启停按钮，测量常闭触点的端子，蜂鸣器不响，触点断开；测量常开触点的端子，蜂鸣器响，触点闭合。

不按下启停按钮用蜂鸣挡测量启停按钮的 4 个端子，在表 1-23 中填写"闭合"或"断路"。按下按钮，用蜂鸣挡测量启停按钮的 4 个端子，在表 1-24 中填写"闭合"或"断路"。根据测量结果判断哪 2 个端子是常开触点，哪 2 个端子是常闭触点。

表 1-23　测量启停按钮（不按下按钮）

端　子　号	1	2	3	4
1				
2				
3				
4				

表 1-24　测量启停按钮（按下按钮）

端　子　号	1	2	3	4
1	✕			
2		✕		
3			✕	
4				✕

（2）继电器。

继电器常用于控制系统，它由电磁铁、衔铁、弹簧和触点等几部分组成，如图 1-70 所示。线圈 D、E 通电，线圈电磁铁产生磁场，吸引衔铁向下运动，带动簧片使触点 A、B 断开，触点 B、C 闭合。线圈 D、E 断电后，线圈电磁铁的磁场消失，在弹簧的作用下，衔铁复位，带动簧片使触点 B、C 断开，触点 A、B 闭合。在常态（不通电）的情况下，A 触点与 B 触点闭合，所以 A 触点称为常闭触点，用 NC 表示。在常态（不通电）的情况下，C 触点与 B 触点断开，所以 C 触点称常开触点，用 NO 表示。B 为公共引脚。不同继电器线圈的电阻值不相同，一般在几十欧到几千欧之间。

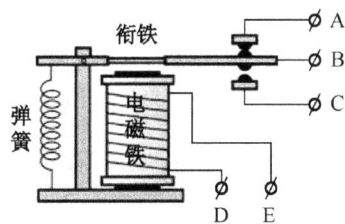

图 1-70　继电器结构图

常见的 5 脚继电器的引脚如图 1-71 所示，其电路图如图 1-72 所示。用万用表测量各引脚之间的电阻，填写表 1-25，并判断哪 2 个引脚接线圈。根据测量结果，给继电器的线圈加额定电压，测量剩余 3 个引脚之间的电阻，填写表 1-26。根据两个表格判断常开触点、常闭触点、公共触点。

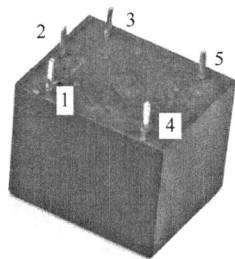

图 1-71　5 脚继电器的引脚图

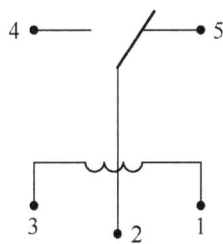

图 1-72　5 脚继电器的电路图

表 1-25　测量继电器（线圈不加电压）

引　　脚	1	2	3	4	5
1					
2					
3					
4					
5					

表 1-30　测量单项异步电动机

端　子	电 阻 值	结　论
AB		
AC		
BC		

第 2 章

信号发生器

📖 **你知道吗**

现代信号发生器利用微处理器和数模转换器、模数转换器，可以产生比较复杂的波形。专用的信号发生器用于特定的场合，如电视机信号发生器主要应用于电视机的生产、研发、维修中。

✒ **知识目标**

1. 熟悉信号发生器的种类及基本原理。
2. 掌握信号发生器的基本操作方法和操作注意事项。

📃 **能力目标**

1. 熟悉常见信号发生器的功能。
2. 熟练操作各类常见的信号发生器。

任务 1　学习使用低频信号发生器

在参加电子类、网络类、通信类、电工类等证书的考试中，基本电路的考试内容常涉及低频信号发生器的使用。掌握低频信号发生器的使用技能是参加这些考试的基本要求。

✎ **操作过程**

1. 信号发生器的应用

信号发生器主要应用于测试电路的参数、调试设备的性能，它产生被测电路所需的测试信号，输出到被测电路或测量仪器设备的输入端，如图 2-1 所示。用其他测量仪器观察、测量被测对象的输出，即可分析并确定被测对象的性能。

（6）频率倍率选择按钮。

频率基数调节旋钮右边有 5 个互锁按钮，如图 2-6 所示，表示输出信号频率扩大的倍率，分别为×1、×10、×100、×1k、×10k。信号发生器输出信号的实际频率为：

$$f=频率基数值×频率倍率$$

例如，如果需要输出信号的频率为 5kHz，先将频率基数调节旋钮刻度盘上的 50Hz 对准频率基数定位标志，再按"×100"互锁按钮即可得到所需频率。

（7）外同步信号接口。

此接口为同步触发脉冲输入端，接口类型为 BNC 接口。在进行一些逻辑电路的测试时，需要多个信号发生器产生的多路信号，这些信号的初始相位不一定相同，如图 2-7 所示，将影响电路的测试效果。为使信号之间同步，给各个信号发生器提供相同的同步触发脉冲，信号发生器在接收到触发脉冲后，均从相同的相位开始输出波形，如图 2-8 所示，以满足测试电路的需求。

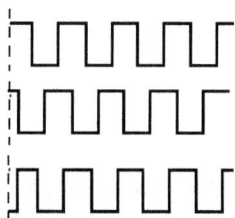

图 2-7　初始相位不相同　　　　　　　图 2-8　初始相位相同

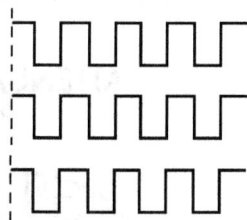

（8）信号输出接口。

该接口类型为 BNC 接口，设置好的信号从此接口输出。如图 2-9 所示为常用的低频信号发生器输出线，圆的一端为 BNC 接口，用来连接低频信号发生器信号输出接口，红色鳄鱼夹连接被测电路输入接口的正极，黑色鳄鱼夹连接被测电路输入接口的负极。

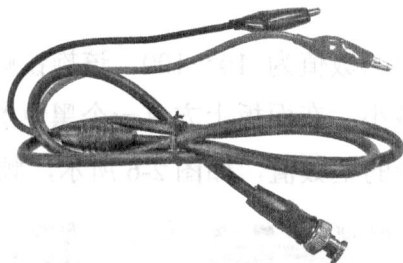

图 2-9　信号输出线

3. TAG-101 低频信号发生器的使用方法

（1）连接电源线和信号线。

连接低频信号发生器的电源线，将信号输出线插入信号输出（OUTPUT）接口，按电源开关按钮开机，电源指示灯点亮，如图 2-10 所示。

图 2-10　电源指示灯点亮

（2）选择波形。

通过波形选择按钮选择合适的波形，按此按钮输出方波，此按钮弹起则输出正弦波。

（3）调节信号幅度的基数。

将频率基数调节旋钮旋转到 50Hz，频率倍率选择按钮选择"×1"互锁按钮，幅度衰减度调节旋钮旋转到 0dB，如图 2-11 所示。万用表拨到交流电压挡，两个表笔分别接触信号发生器输出线的两端，万用表将显示输出信号的幅度。旋转幅度调节旋钮，使万用表的示数为需要输出信号的电压的有效值。例如，要求输出 0.040V 的波形，使万用表显示 4V，将输出电压调整到 4V。

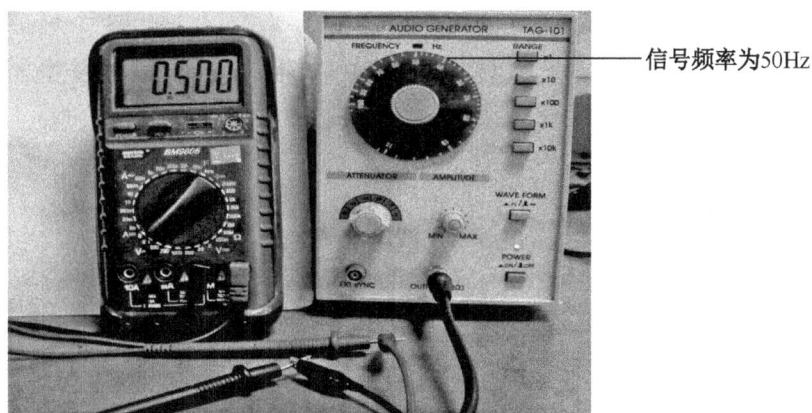

图 2-11　调节信号幅度的基数

（4）调节幅度衰减。

根据需要选择相应的衰减幅度。例如，输出 40mV 的信号，旋转幅度调节旋钮到 4V 的位置，再旋转幅度衰减度调节旋钮至-40dB。如果需要精确地输出信号幅度，则只能借助其他设备（如示波器等）进行精确测量。

（5）调节信号频率。

先调节频率基数调节旋钮，设置频率的基数，再选择相应的频率倍率选择按钮。例如，使低频信号发生器产生 1kHz 的信号，可以先选择频率基数为 10Hz，然后再选择"×100"互锁按钮。

（6）连接负载。

准备工作完成后，把低频信号发生器的输出端连接到待测线路板上。

自我检测

1．使用 TAG-101 低频信号发生器测量某音频功放电路的特性，输入信号的频率应在什么范围内进行选择？

2．某放大电路最大不失真输出电压为 10V，电压放大倍数为 5000 倍，输入信号的幅度应在什么范围？

3．使用 TAG-101 低频信号发生器测量一个微分电路的特性，波形选择按钮应该处于按下状态还是弹起状态？

4．使用 TAG-101 低频信号发生器测量一个音频功放电路，信号发生器输出电压为 100mV，功放电路输出电压为 8V，此音频功放电路的电压放大系数为多少？

任务 2　低频信号发生器综合实训

实训目的

在分压式偏置放大电路的基础上组装负反馈放大电路，低频信号发生器对放大电路输入一个小信号，测量电路的输出信号，熟悉低频信号发生器的使用。

实训器材

1．低频信号发生器 1 台。

2．直流稳压电源 1 台。

3．万用表、电烙铁、镊子、剪线钳等常用工具。

4．电路器件 1 套，清单见表 2-1。

表 2-1　电路器件清单

器件标号	数　值	器件标号	数　值	器件标号	数　值
R_1	51kΩ	R_2	24kΩ	R_3	3kΩ
R_4	100Ω	R_5	1.5kΩ	C_1	10μF
C_2	10μF	C_3	10μF	Q_1	9013

📖 操作过程

1．组装电路

检测所给器件是否符合要求，并按照如图 2-12 所示的电路图组装电路。

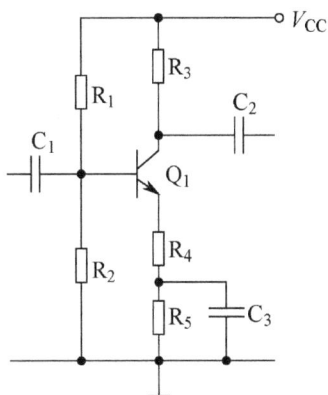

图 2-12　电路图

2．调试电路

将直流稳压电源连接至被测电路，调节电源输出电压为 12V。用万用表测量三极管的静态电压，使 $V_b \approx 3.8V$，$V_c \approx 6V$，$V_e \approx 3V$，保证三极管在放大状态，电路能正常工作。

3．设置低频信号发生器的输出信号

（1）打开低频信号发生器。

连接低频信号发生器的电源线和信号输出线，按电源开关按钮，打开低频信号发生器，选择输出正弦波信号。

（2）调节输出信号的幅度。

将频率基数调节旋钮旋转到 50Hz，频率倍率选择按钮选择"×1"互锁按钮，幅度衰减度调节旋钮旋转到 0dB。万用表拨到交流电压挡，两个表笔分别接触信号发生器输出线的两端，旋转幅度调节旋钮，使输出电压为 4V。旋转幅度衰减度调节旋钮至-40dB，使低频信号发生器输出 40mV、50Hz 的信号。

（3）连接放大电路。

将低频信号发生器的输出端接放大电路的输入端，接通放大电路的电源，将万用表拨到测量交流电压挡，测量输出信号的电压。

（4）计算放大电路的电压放大倍数 A_v。

电压放大倍数为：

$$A_v = \frac{V_o}{V_i}$$

其中，V_o 为输出电压，即万用表所测量的数值；V_i 为输入电压，即低频信号发生器的输出电压。

（5）测量并填表。

改变低频信号发生器输出信号的幅度，测量放大电路输出信号的电压，计算放大电路的电压放大倍数，并填写表 2-2。

表 2-2　输出电压和电压放大倍数

序　号	输入电压 V_i	输出电压 V_o	电压放大倍数 A_v
1	40mV		
2	10mV		
3	4mV		
4	1mV		
5	400mV		

（6）讨论。

不同的输入电压，放大电路的电压放大倍数是否相同？为什么？

任务 3　学习使用高频信号发生器

在通信类证书的考试中，会涉及使用高频信号发生器测量接收电路的考核内容。掌握高频信号发生器的使用技能是参加这些考试的基本要求。

操作过程

1. 高频信号发生器概述

高频信号发生器的功能是向各种电子设备或电路供给高频信号，测试电子设备或电路的高频电气特性；提供等幅波或调制波（调幅或调频），广泛应用于调制和检修各种无线电收音机、对讲机、电视接收器，并应用在测量电场强度等场合。

声音、图形等信息的频率比较低，属于低频信号。低频信号由于频率、带宽及易受干扰等原因不能直接用天线发射。所以就使用高频信号作为载波，把需要传输的信号叠加到高频载波上，称为调制。调制后的信号通过天线发射出去，在接收端筛选出所需频率信号，从高频载波上取出传输的信号，还原为低频信号，称为解调。

高频信号发生器常见的调制类型为调幅和调频两种。调幅是用低频调制信号去控制高频载波信号的幅度，使高频载波信号的幅度随低频调制信号的变化而变化，如图 2-13 所示。调频是用低频调制信号去控制高频载波信号的频率，使高频载波信号的频率随低频调制信号的变化而变化，如图 2-14 所示。

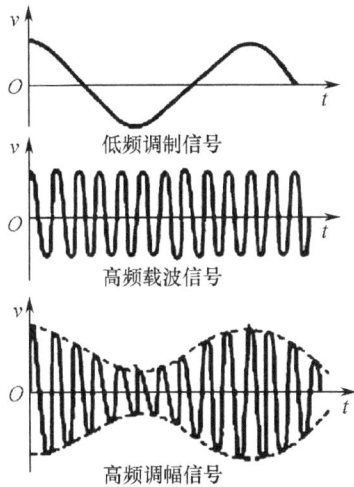

图 2-13　调幅原理

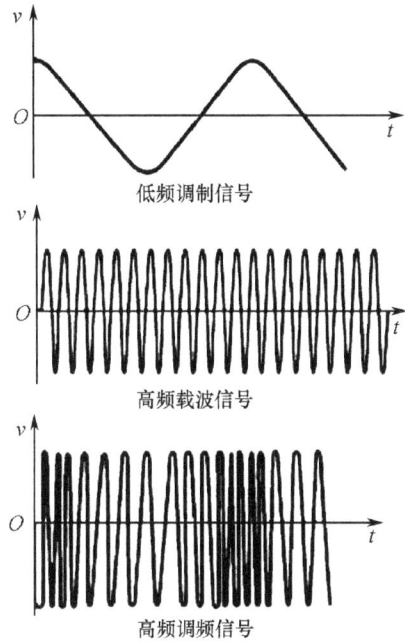

图 2-14　调频原理

2．TSG-17 高频信号发生器的面板

下面以 TSG-17 高频信号发生器为例，介绍高频信号发生器的使用。TSG-17 高频信号发生器可以输出低频波、高频波和调幅波。如图 2-15 所示为 TSG-17 高频信号发生器的面板。

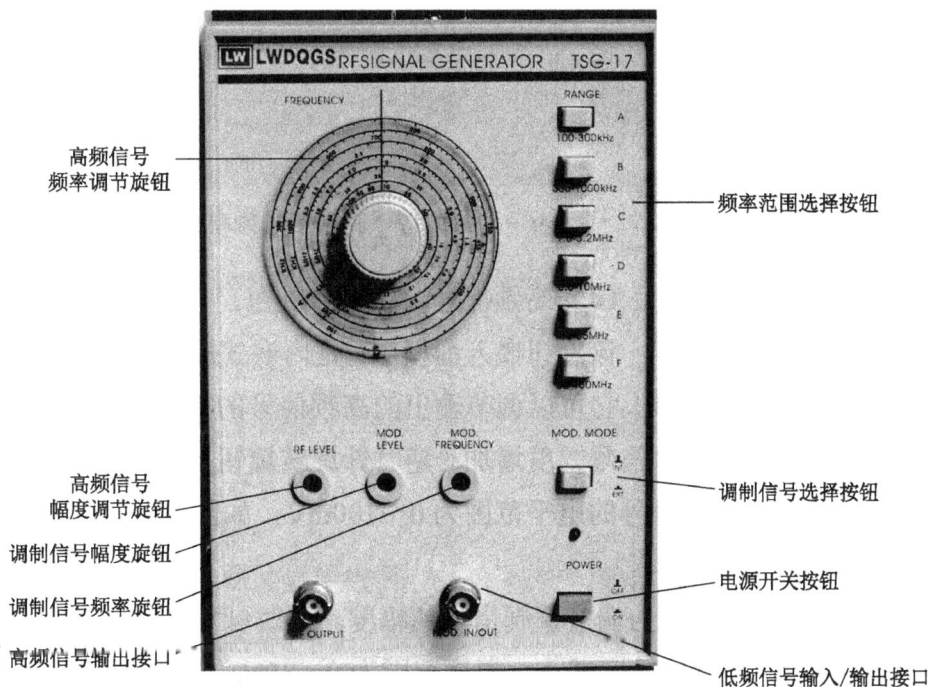

图 2-15　TSG-17 高频信号发生器的面板

（4）选择内、外调制方式。

使用仪器内部的调制信号，使调制信号选择按钮处于弹起状态。

（5）设置调制信号的幅度。

将调制信号幅度旋钮置于中间位置。

（6）设置调制信号的频率。

将调制信号频率旋钮置于中间位置。

（7）连接被测设备。

将信号输出线连接到被测设备，给被测设备提供高频信号。高频信号的辐射性强，但高频信号发生器的输出功率低，不会对人体产生危害。人体如果接触到信号输出线，输出的高频信号有很大的衰减。

自我检测

1．某广播电台的频率是 639kHz，将高频信号发生器的输出频率也设置在这个频率上，附近的接收设备会产生什么效果？

2．如何输出等幅高频信号？

3．如果用收音机接收高频信号发生器的输出信号，改变高频信号的频率和调制信号的频率，会对收音机产生怎样的影响？

4．如何在收音机里收听到自己的声音？

任务4　高频信号发生器综合实训

实训目的

用收音机接收高频信号发生器发射的信号，熟悉高频信号发生器的使用，了解高频信号的特点。

实训器材

1．高频信号发生器 1 台。

2．普通调幅收音机 1 台。

3．导线若干。

📖 **操作过程**

1．准备设备

接通高频信号发生器的电源，信号输出线接高频信号输出接口，打开收音机。

2．设置高频信号

普通调幅收音机接收信号的频率范围为 535～1605kHz，在高频信号发生器的频率范围选择中按 B 按钮，旋转频率调节旋钮，使刻度线指向 600kHz。用小螺丝刀旋转高频信号幅度调节旋钮，使其在中间位置；旋转调制信号幅度旋钮，使其在中间位置；使调制信号选择按钮处于弹起状态。

3．收音机接收高频信号

调高收音机的音量，旋转调谐旋钮，在 600kHz 位置接收高频信号发生器发射的信号。

4．测量信号接收距离

将收音机逐渐向远处移动，注意收音机音量的变化，当音量为 0 时，记录与高频信号发生器之间的距离，此数值为收音机的接收半径。顺时针旋转高频信号幅度调节旋钮，记录接收半径；逆时针旋转高频信号幅度调节旋钮，记录接收半径。顺时针旋转调制信号幅度旋钮，记录接收半径；逆时针旋转调制信号幅度旋钮，记录接收半径。并填写表 2-3。

表 2-3　接收半径

序　　号	高频信号幅度调节旋钮	调制信号幅度旋钮	接　收　半　径
1	中间位置	中间位置	
2	顺时针旋转	中间位置	
3	逆时针旋转	中间位置	
4	中间位置	顺时针旋转	
5	中间位置	逆时针旋转	
6	顺时针旋转	顺时针旋转	
7	逆时针旋转	逆时针旋转	

5．延长信号输出线

在高频信号输出线的末端加接一段导线，将其固定在一个直立的支架上，使用收音机接收高频信号发生器的输出信号，记录收音机的接收半径，并与之前的记录结果进行比较，查看能否得出发射天线越高接收半径越大的结论。

6．调节调制信号的频率

顺时针旋转调制信号频率旋钮，声音逐渐尖锐；逆时针旋转调制信号频率旋钮，声音逐渐低沉。

7．发射语音信号

使用录音机或其他电子设备记录一段语音，将录音机或其他电子设备的音频输出与高频信号发生器的低频信号输入端相连，按下高频信号发生器的调制信号选择按钮，使用收音机接收高频信号发生器的输出信号，在收音机中可以接收到语音信号。

8．改变发射频率

在高频信号的频率范围选择按钮中按下 B 按钮，旋转频率调节旋钮，使红色刻度线指向 800kHz。旋转收音机调谐旋钮，接收高频信号发生器的信号。在高频信号的频率范围选择按钮中按下 C 按钮，使频率调节旋钮指向 1.2MHz，旋转收音机调谐旋钮，接收高频信号发生器的信号。

任务5　学习使用函数信号发生器

函数信号发生器的核心部件是大规模集成电路的微处理器，它在界面和使用规范上与传统的信号发生器有很大的不同。在数码产品的维修工作（计算机主板维修、显示器维修、通信设备维修等）和相关的认证考试中，函数信号发生器是常用的测量工具。

✎ 操作过程

1．函数信号发生器简介

函数信号发生器可以输出多种波形，是测试数字电路不可缺少的工具。下面以 VC2002 函数信号发生器为例，介绍函数信号发生器的使用。VC2002 函数信号发生器可以输出正弦波、方波、锯齿波，还可以设置方波的占空比。

2．VC2002 函数信号发生器的面板

（1）参数预设。

VC2002 函数信号发生器的面板如图 2-23 所示，分为参数调节、参数预设和数据显示这 3 个部分。旋转参数调节面板上的旋钮，输出信号的参数随之改变。按参数预设面板上的按钮，只是对信号的参数进行预设，输出信号的参数并不立即改变，只有按"确认"按钮后，

预设的参数才生效，并输出设置参数的信号。系统死机、无信号输出或信号参数不可调时，可以关闭仪器的电源，重新开机；也可以按"复位"按钮重启系统。

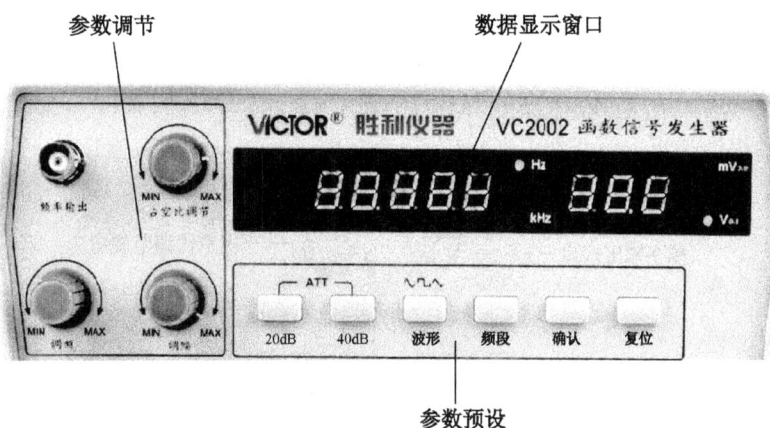

图 2-23　VC2002 函数信号发生器的面板

（2）频段切换按钮。

VC2002 函数信号发生器的输出频率范围为 0.2Hz～2MHz，整个频率范围又细分为 7 个频段：频段 1　0.2～2Hz；频段 2　2～20Hz；频段 3　20～200Hz；频段 4　200～2kHz；频段 5　2～20kHz；频段 6　20～200kHz；频段 7　200kHz～2MHz。

按频段切换按钮，可以在 7 个频段之间进行切换，并在上方 5 位数码管中的最后一个显示所设置的频段号码，如图 2-24 所示。例如，按频段切换按钮，如果左数第 5 个数码管的数字显示为 1，则表示当前设置为频段 1，输出的信号的频段为 0.2～2Hz。其余设置依次类推。

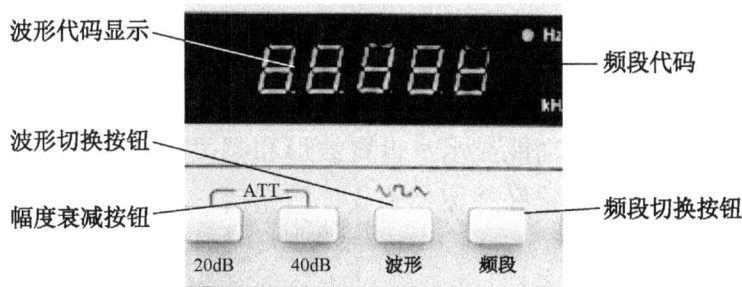

图 2-24　频段切换按钮、波形切换按钮、幅度衰减按钮

（3）波形切换按钮。

按波形切换按钮，可以在正弦波、方波、三角波之间进行切换，如图 2-24 所示。在其上方 5 位数码管中的最左端的数码管的数字显示所设置波形的代码，1 表示为正弦波，2 表示为方波，3 表示为三角波。

（4）幅度衰减按钮。

如图 2-24 所示，单独按下 20dB 按钮，信号幅度将衰减 20dB；单独按下 40dB 按钮，信号幅度将衰减 40dB；同时按下 20dB 和 40dB 按钮，信号幅度将衰减 60dB；如果两个按钮均弹起，则信号幅度不衰减。

频段切换、波形切换、幅度衰减设置好后，按"确认"按钮生效，信号发生器按设置好的参数输出波形。

（5）调频旋钮。

调节此旋钮可以在设置好的频段内改变输出信号的频率，顺时针旋转，输出信号的频率增大，逆时针旋转，输出信号的频率减小，如图 2-25 所示。

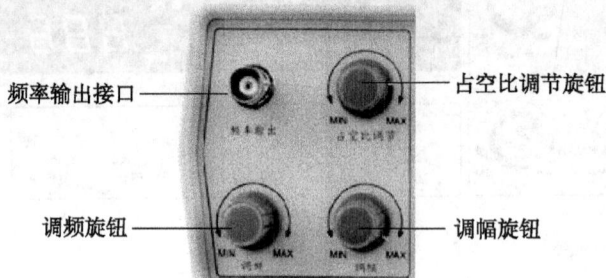

图 2-25　调频旋钮、调幅旋钮、占空比调节旋钮、频率输出接口

（6）调幅旋钮。

调幅旋钮如图 2-25 所示，调节此旋钮可改变输出信号的幅度，顺时针旋转，输出信号的幅度增大，逆时针旋转，输出信号的幅度减小。

（7）占空比调节旋钮。

占空比是指在方波中高电平的持续时间与一个周期的比率。如果占空比为 50%，则高电平的宽度与低电平的宽度相等。调节占空比调节旋钮可改变输出方波的占空比，如图 2-25 所示，顺时针旋转占空比增大，逆时针旋转占空比减小。

（8）频率输出接口。

频率输出接口使用 BNC 接口，设置好的频率通过连接此接口的信号线输出到被测设备。

（9）数据显示窗口。

数据显示窗口的数码管为多功能显示，设置波形和频段时，它的左、右两个数码管分别显示波形的代码和频段号码。设置好并按"确认"按钮后，5 位数码管将显示输出信号频率的 5 位有效值，如图 2-26 所示。

（10）频率单位指示灯。

VC2002 函数信号发生器有两个频率单位 Hz 或 kHz。输出信号的频率较低时，使用 Hz 单位，Hz 指示灯亮，如图 2-26 所示。输出信号的频率较高时，使用 kHz 单位，kHz 指示灯亮。

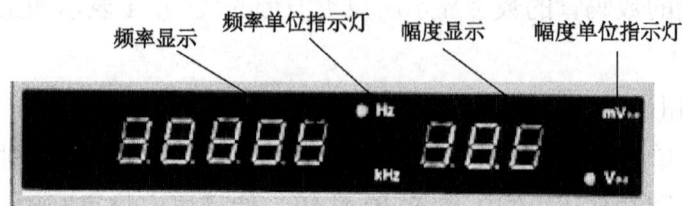

图 2-26　信号发生器的数据显示窗口

（11）幅度显示及幅度单位指示灯。

显示屏右边的 3 位数码管显示输出信号幅度的有效值，幅度单位是 mV 或 V。信号幅度较低时，使用 mV 单位，mV 灯亮。信号幅度较高时，使用 V 单位，V 灯亮。

3．VC2002 函数信号发生器的使用

（1）根据电源的类型（110V 或 220V），将电源转换开关拨到相对应的位置（一般为 220V）。接通电源，打开电源开关，信号发生器开始工作。信号发生器的背板如图 2-27 所示。

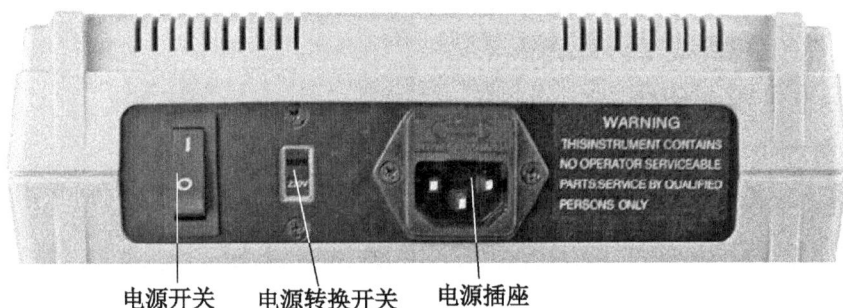

图 2-27　信号发生器的背板

（2）预热 20 分钟。

（3）根据输出信号的频率，通过频段切换按钮，选择合适的频段。

（4）按波形切换按钮，选择合适的波形。

（5）根据幅度要求，选择合适的幅度衰减按钮或按钮组合。

（6）设置好信号的频率、波形和幅度衰减后，按"确认"按钮，仪器按预先的设置输出信号，同时在数据显示窗口中显示输出信号的频率及幅度。

（7）根据需要设置占空比调节旋钮、调频、调幅旋钮。

（8）用连接线将信号输出到测试设备。

自我检测

1．请说明用信号发生器输出频率为 10kHz、幅度为 100mV 的正弦波信号的操作步骤。

2．用信号发生器输出方波信号，频率为 1kHz，幅度为 200mV，占空比为 25%，说明操作步骤。

3．在信号发生器中，如果是在"0dB"的衰减情况下输出幅度为 100mV 的正弦波，按下"20dB"的幅度衰减按钮时，输出电压将变为多少？

任务 6 函数信号发生器综合实训

实训目的

将不同形状的波形通过微分电路，用示波器查看波形，掌握函数信号发生器的使用。

实训器材

1. 函数信号发生器 1 台。
2. 1000pF 电容 1 个，20kΩ 电阻 1 个。
3. 示波器 1 台。

操作过程

1. 组装电路

按照图 2-28 所示的电路图组装微分电路，函数信号发生器的输出接电路的 V_i 端，示波器接 V_o 端。打开函数信号发生器的电源，打开示波器的电源。

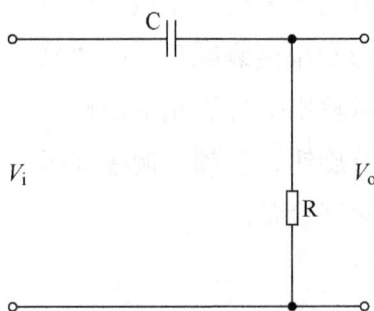

图 2-28 微分电路图

2. 输入正弦波

按波形切换按钮，最左端的数码管的数字发生变化，长按此按钮直至最左端的数码管的数字显示为 1；按频段切换按钮，左数第 5 个数码管的数字发生变化，长按此按钮直至左数第 5 个数码管的数字显示为 6，按"确认"按钮。调节调频旋钮，使数码管显示 1000，kHz 指示灯亮。按 20dB 按钮，保持 40dB 按钮为弹起状态，调节调幅旋钮，使右边的数码管显示 500，mV 指示灯亮。用示波器观察输出波形。

调节调频旋钮，调节调幅旋钮，改变输出信号的频率和幅度，通过示波器查看输出波形的变化。

3．输入三角波

按波形切换按钮，直至最左端的数码管的数字显示为 3；按频段切换按钮，直至左数第 5 个数码管的数字显示为 6，按"确认"按钮。调节调频旋钮，使输出信号的频率为 1000kHz；调节调幅旋钮，使输出信号的幅度为 500mV。用示波器查看输出波形。

调节调频旋钮，调节调幅旋钮，通过示波器查看输出波形。

4．输入方波

按波形切换按钮，直至最左端的数码管的数字显示为 2；按频段切换按钮，直至左数第 5 个数码管的数字显示为 6，按"确认"按钮。调节调频旋钮，使输出信号的频率为 1000kHz；调节调幅旋钮，使输出信号的幅度为 500mV。用示波器查看输出波形是否为尖脉冲。

调节调频旋钮，调节调幅旋钮，通过示波器查看输出波形。旋转占空比调节旋钮，查看输出波形。

第 3 章

示波器

随着半导体器件的发展，示波器经历了模拟示波器和数字示波器的发展阶段。国外品牌垄断高端示波器市场，国内品牌的示波器在性能上已经可以和国外品牌抗衡，且具有明显的价格优势。

知识目标

掌握示波器的工作原理。

能力目标

会使用示波器测量信号。

任务 1 模拟示波器的工作原理

在与电相关的证书的考试中，都有关于波形的内容，使用示波器测量信号的波形是参加这些考试的基本要求。

操作过程

模拟示波器由示波管、垂直（Y 轴）放大电路、水平（X 轴）放大电路、扫描发生器、触发电路、电源、标准信号发生器等部分组成，其工作原理示意图如图 3-1 所示。

1. 垂直（Y 轴）放大电路

示波管垂直方向的偏转灵敏度很低，10 多伏的电压才有 1cm 的偏转量，被测信号的电压都要先经过垂直（Y 轴）放大电路的放大，再加到示波管的垂直偏转板上，才能得到垂直方向的适当大小的图形。

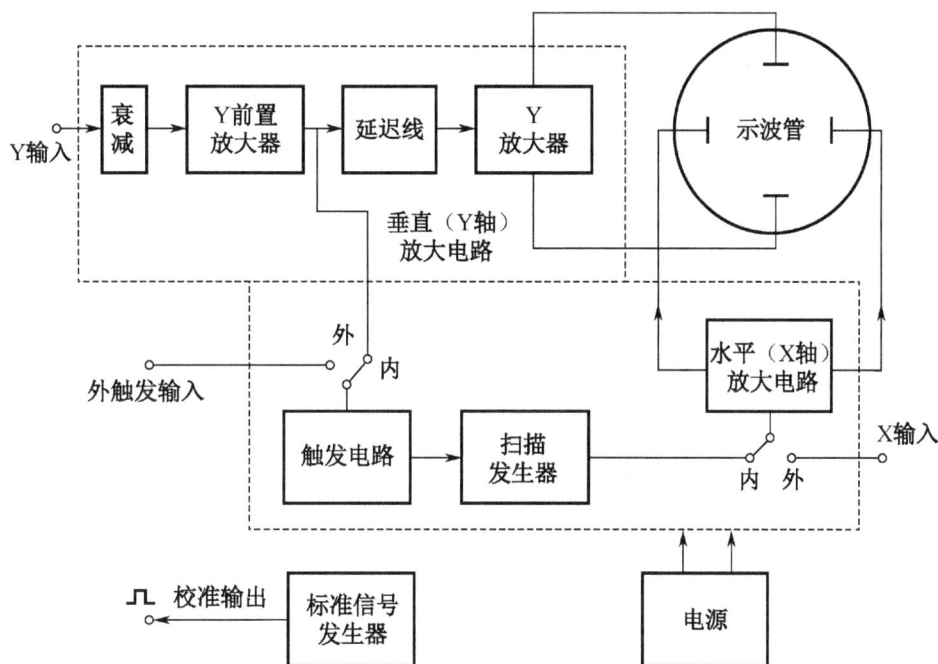

图 3-1　模拟示波器工作原理示意图

2．水平（X 轴）放大电路

示波管水平方向的偏转灵敏度也很低，接入示波管水平偏转板的锯齿波的电压也要先经过水平（X 轴）放大电路的放大，再加到示波管的水平偏转板上，才能得到水平方向的适当大小的图形。

3．扫描发生器

扫描发生器产生 X 轴偏转所需的、频率可调的锯齿波，它是水平扫描的时基信号。如果时基信号的频率比待测信号的频率大，即扫描锯齿波的周期小于待测信号的周期，则在待测信号还没有结束一个周期时，锯齿波已经完成扫描，将不能显示一个完整的波形；如果时基信号的频率远小于待测信号的频率，扫描锯齿波的周期远大于待测信号的周期，则在锯齿波扫描的周期内被测信号完成了许多个波形，信号的波形可能太密，也不容易观察。扫描发生器受触发电路的控制。

4．触发电路

当信号频率比较高时，扫描一个周期所用的时间非常短。例如，100kHz 的信号，显示一个完整波形只用 0.01ms，人眼是看不见这么短时间的波形的。只有反复地显示该信号，才能在屏幕上观测到稳定的信号波形。如果被测信号的频率是 X 轴锯齿波扫描频率的整数倍，则在示波器的屏幕上可以显示稳定的信号波形。如果被测信号的频率与扫描频率不是整倍数关系，则扫描第 2 屏的起始位置与第 1 屏的不同，第 3 屏的起始位置与第 1、2 屏的不同，第 4

屏的起始位置与第 1、2、3 屏的不同，如图 3-2 所示。快速扫描时，4 个屏幕的图形混合在一起，如图 3-3 所示，将不能得到一个稳定的图形。这就是示波器的扫描频率与被测信号的频率不同步的结果。

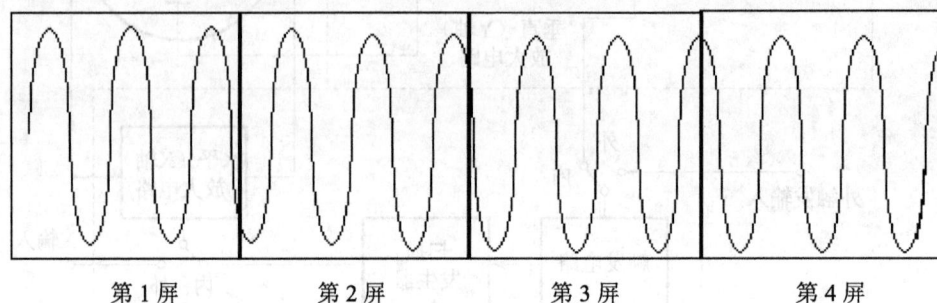

第 1 屏　　　　　第 2 屏　　　　　第 3 屏　　　　　第 4 屏

图 3-2　4 个屏幕的起始位置不同

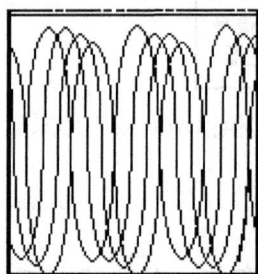

图 3-3　4 个图形混合在一起

获得稳定图形的方法是，扫描完一屏后不立即扫描下一屏，等信号达到与前一屏相同的位置时，立即开始本次扫描，使每一次扫描开始时刻都在信号的同一点，如图 3-4 所示。每一个周期的扫描电子束都打在屏幕相同的轨迹上，就可以得到稳定的波形，如图 3-5 所示。

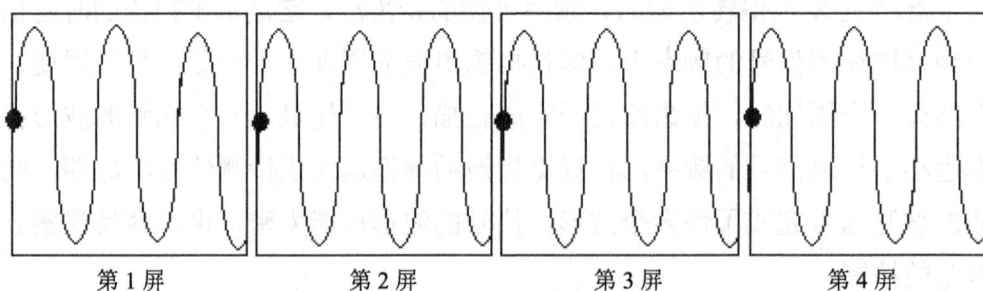

第 1 屏　　　　　第 2 屏　　　　　第 3 屏　　　　　第 4 屏

图 3-4　4 屏的起始位置相同

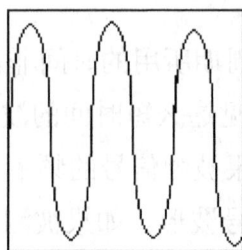

图 3-5　稳定的波形

获得的稳定的波形称为同步信号。同步信号由触发电路提供，触发电路检测被测信号，当被测信号达到某一个特定电平值时，立即产生一个触发脉冲，让扫描发生器开始扫描，以获得稳定的图形。

5．电源

电源供给垂直（Y 轴）放大电路、水平（X 轴）放大电路、扫描发生器、触发电路、标准信号发生器和示波管等所需的电压。

6．标准信号发生器

示波器提供一个标准的方波信号，通常频率为 1kHz、峰峰值为 1V、占空比为 50%。校准示波器时，将探头接到校准信号发生器的输出端，屏幕上显示标准信号波形，根据信号波形对示波器进行校准。

在电子测量时，常常需要同时观察两个信号，对它们进行测试和比较。因此，多数示波器都有两路输入，其工作原理示意图如图 3-6 所示，这种示波器称为双踪示波器。

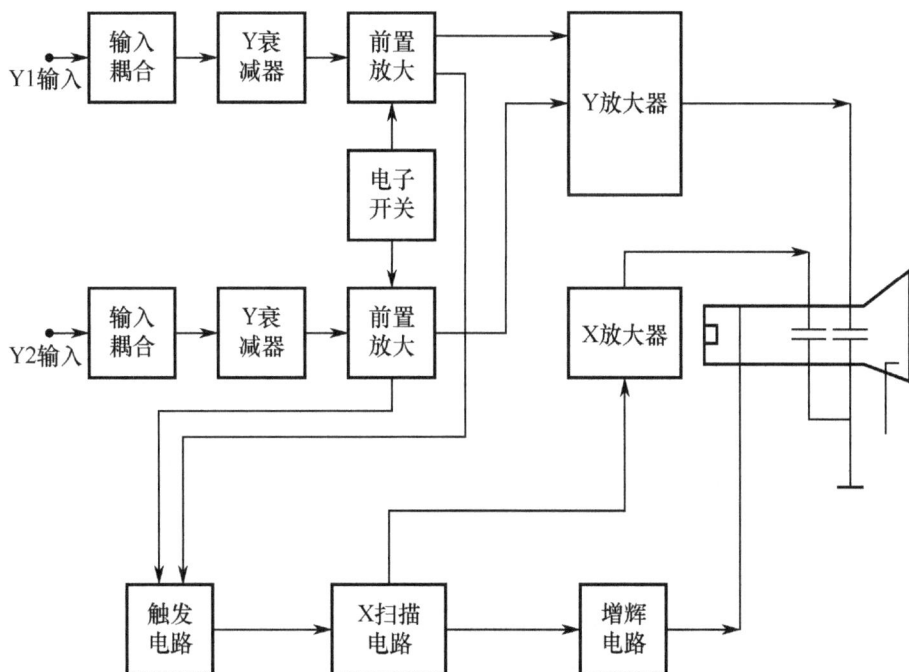

图 3-6　双踪示波器工作原理示意图

双踪示波器有一个电子开关，其作用是将 Y1、Y2 两个信号电压周期性地加在示波管垂直偏转板上。需要显示两路信号波形时，电子开关先将信号通道 Y1 与 Y 放大器接通，在屏幕上显示出 Y1 信号的波形；随即电子开关将信号通道 Y2 与 Y 放大器接通，在屏幕上显示出 Y2 信号的波形；接着再显示 Y1 信号的波形。两个信号在荧光屏上交替显示，利用屏幕的余辉现象，就可以在屏幕上同时看到两个被测信号的波形。

自我检测

1．某示波器的垂直偏转灵敏度为 0.86mm/V，即在垂直偏转板上加 1V 的电压，显示屏上的光点向上或向下偏转 0.86mm。某被测信号的幅度为 10mV，若要在屏幕上显示的幅度为 6cm，垂直放大电路需要将被测信号放大多少倍？

2．使用示波器测量某信号，线路连接正确，确定被测信号已经输入示波器，但屏幕上只显示一条横线，请分析原因。

3．使用示波器观测某信号，只显示该被测信号的 1/4 波形，请分析原因。

4．使用示波器观测某信号，该被测信号的波形显示太密集，不容易观察，请分析原因。

5．使用示波器观测某信号，发现被测信号波形连续向右移动，请分析原因。

任务 2　模拟示波器的面板

操作过程

示波器的型号众多，一般的示波器除频带宽度、输入灵敏度等差异外，其使用方法基本相同。下面以 MOS-620CH 型双踪示波器为例介绍示波器的使用方法。

MOS-620CH 型双踪示波器的面板分为显示屏、显示调节、水平控制系统、垂直控制系统、触发系统、标准信号源等部分，其面板如图 3-7 所示。

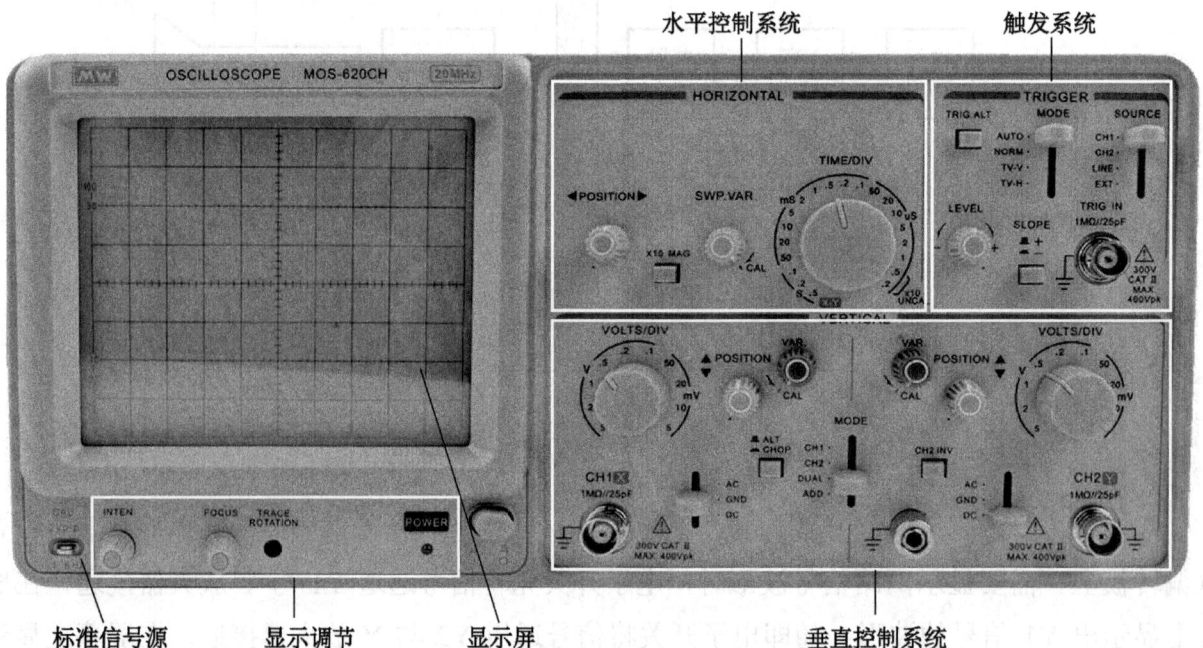

图 3-7　MOS-620CH 型双踪示波器面板

如图 3-8 所示为电源开关按钮和电源指示灯，标准信号源，亮度旋钮、聚焦旋钮和光迹旋钮的显示调节的设置区域。

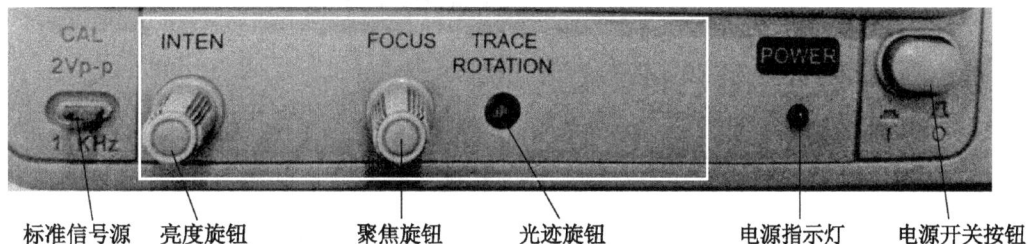

图 3-8　电源开关按钮，标准信号源，显示调节设置区域

电源开关按钮：自锁开关，电源开关按钮按下，电源接通；再按一次，开关弹起，断开电源。

电源指示灯：接通电源，指示灯点亮；切断电源，指示灯熄灭。

1．显示调节

亮度旋钮（INTEN）：调整光点亮度。顺时针旋转亮度旋钮，亮度增强；逆时针旋转亮度旋钮，亮度减弱。

聚焦旋钮（FOCUS）：调整电子束的聚焦，使光点最小或波形线最细。

光迹旋钮（TRACE ROTATION）：在正常情况下，显示屏上显示的水平光迹应与水平刻度线平行，但由于地球磁场与其他因素的影响，会使水平光迹线倾斜，如图 3-9 所示，给观察和测量造成不便。调整此旋钮，可以改变水平线的倾角，使光迹与水平刻度平行。

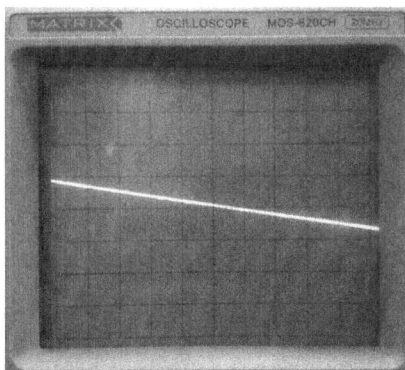

图 3-9　水平光迹线倾斜

2．标准信号源

输出频率为 1kHz、幅度为 1V（峰峰值为 2V）的方波校准信号，校准 Y 轴输入灵敏度和 X 轴扫描速度。

3．水平控制系统

该部分的面板如图 3-10 所示，"HORIZONTAL"的中文含义是"水平的"。

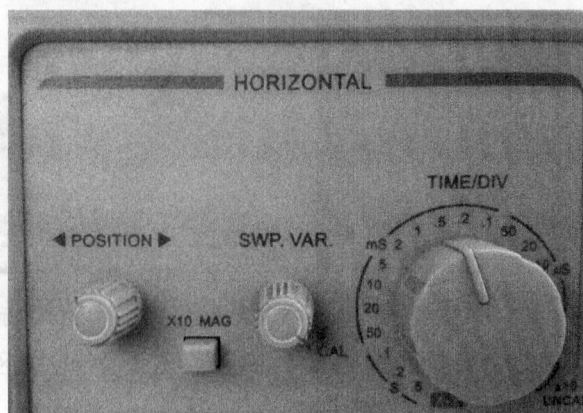

图 3-10　水平控制系统的面板

（1）水平位置调整旋钮（POSITION）。

旋转此旋钮，显示屏上的图形在水平方向移动。

（2）水平扩大 10 倍按钮（×10 MAG）。

按下此按钮，图形在水平方向被放大 10 倍。

（3）水平扫描微调旋钮（SWP.VAR.）。

旋转此旋钮，可以连续地改变电子束在水平方向上从左到右扫描的时间。此旋钮顺时针旋转到底（标记 CAL 的位置）为校准位置，可以由 TIME/DIV 旋钮的位置读出波形的周期。

（4）时间/格旋钮（TIME/DIV）。

为了便于读取数据，在示波器的显示屏上刻有水平线和垂直线组成的方格，此旋钮表示一个方格代表的时间。数出某波形一个周期占几个方格，就可以得出该波形的周期。

例如，将时间/格旋钮旋转至如图 3-10 所示位置，即 0.5ms/格，得到如图 3-11 所示的波形图，从图中可以看出 3 个周期占 8.5 格。则一个周期的时间是：

$$T=8.5/3×0.5ms=1.42ms$$

波形的频率是：

$$f=1/T=1/1.42ms=704Hz$$

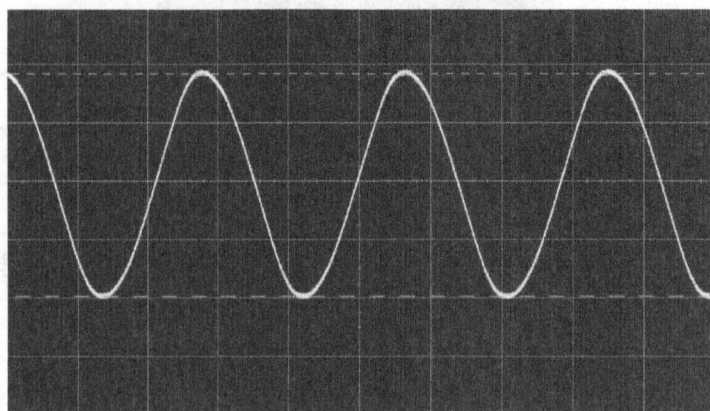

图 3-11　波形图

4．垂直控制系统

该部分的面板如图 3-12 所示，"VERTICAL"的中文含义是"垂直的"。它有两路输入，通道 1（CH1 X）和通道 2（CH2 Y），可以同时测量两路信号。

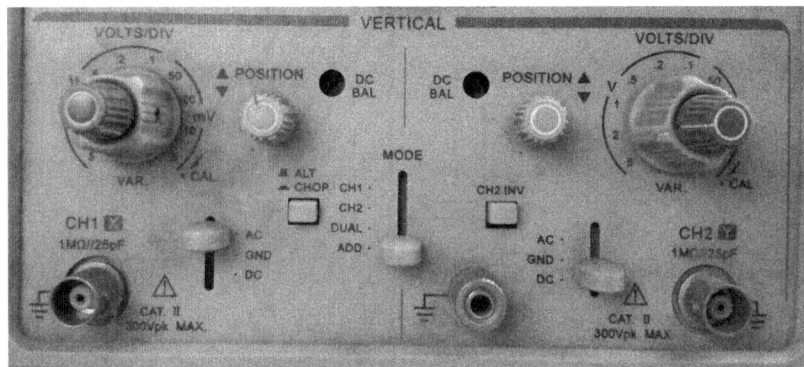

图 3-12　垂直控制系统的面板

（1）输入信号插座开关（CH1 X 和 CH2 Y）。

插座采用 BNC 型接口，示波器的探头一端为 BNC 型母头，如图 3-13 所示。BNC 接口的体积小、传输频率高。使用时，将示波器探头的 BNC 母头端接 CH1 X 或 CH2 Y 接口，待测信号通过探头、信号插座输入到示波器的通道 1 或通道 2。

图 3-13　BNC 型母头

（2）输入耦合方式转换开关（AC、GND 或 DC）。

用于选择输入信号与示波器的耦合方式。

AC：交流耦合，信号中的交流成分输入到示波器，信号中的直流成分被隔断，只显示信号的交流信息。

GND：接地，该通道的显示输入端接地，外部信号不能输入到示波器中，只显示一条水平线。

DC：直流耦合，信号的直流和交流成分均输入到示波器，显示信号的所有信息。

（3）交替/断续选择按钮（ALT/CHOP）。

ALT：交替扫描方式，扫描完通道 1 再扫描通道 2，即显示屏上显示一遍通道 1 的完整图形，再显示通道 2 的图形。

CHOP：断续扫描方式，先扫描通道 1 的一部分，再扫描通道 2 的一部分，再扫描通道 1 的一部分……两个通道轮换扫描，显示两个通道的波形，主要用于观察频率比较低的扫描波形。如图 3-14 所示为交替扫描方式和断续扫描方式这两种扫描方式形成的波形图。

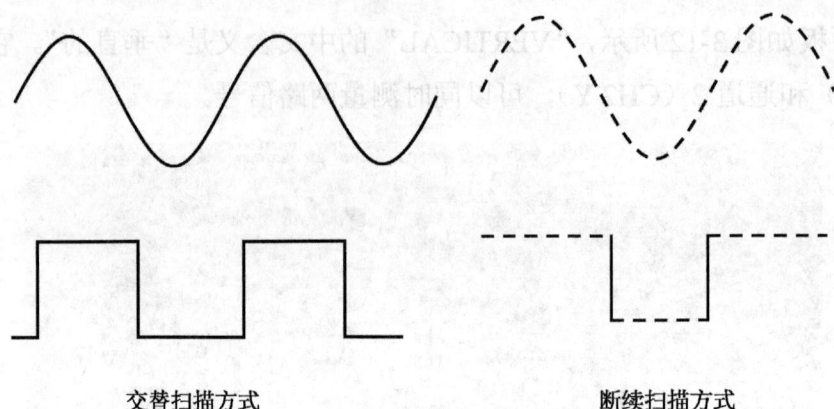

交替扫描方式　　　　　　　　　　　　断续扫描方式

图 3-14　交替扫描方式和断续扫描方式的波形图

（4）垂直位置调整旋钮（POSITION）。

旋转此旋钮，显示屏上的图形在垂直方向移动。

（5）直流平衡调整旋钮（DC BAL）。

在没有信号输入时，水平扫描线应在显示屏的中间。如果扫描线向上或向下发生偏移，使用此旋钮进行调整。将需要调整通道的输入耦合方式选择开关拨动到"GND"，触发方式为自动，调整此旋钮，将水平线调到显示屏中间位置。此旋钮无须经常调整。

（6）电压/格旋钮（VOLTS/DIV）。

屏幕垂直方向上一小格代表的电压值。例如，将电压/格旋钮旋转至"50mV"，得到如图 3-11 所示的波形图，从图中可以看出波形的峰峰值占 4 个格。则波形的峰峰值电压是：

$$V\text{pp}=4\times50\text{mV}=200\text{mV}$$

最大值为：

$$V\text{p}=V\text{pp}/2=200/2=100\text{mV}$$

向数值小的方向旋转，波形幅度变大；反之，波形幅度变小。

（7）电压/格微调旋钮（VOLTS/DIV 微调）。

在电压/格旋钮的上面有一个微调旋钮，旋转此旋钮可以微调波形的幅度。计算波形电压数值时应将此旋钮顺时针旋到锁定位置。

（8）通道模式转换开关（MODE　CH1　CH2　DUAL　ADD）。

CH1：只显示通道 1 的波形，不显示通道 2 的波形。

CH2：只显示通道 2 的波形，不显示通道 1 的波形。

DUAL：同时显示通道 1 和通道 2 的波形。

ADD：将通道 1 和通道 2 的波形相加，再送显示屏上进行显示。

（9）通道 2 反相按钮（CH2 INV）。

按下此按钮，通道 2 的信号被反相。将通道模式选择开关选择为"ADD"，再按此按钮，将显示通道 1 的信号减去通道 2 的信号之后的波形。

5．触发系统

触发系统的面板如图 3-15 所示，"TRIGGER"的中文含义是"触发"。在信号测量中，触发电路的作用是使水平扫描电路在波形的同一个位置开始扫描，以获得稳定的波形。

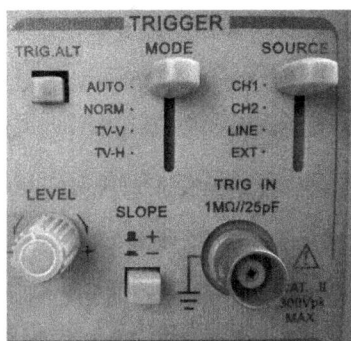

图 3-15　触发系统的面板

（1）交替触发按钮（TRIG.ALT）。

此按钮弹起状态，在显示两个通道的信号时，由通道 1 或通道 2 的信号产生触发脉冲，从而得到该通道的稳定波形。如果另一个通道的信号与触发脉冲产生通道的信号成比例关系，也可以得到该通道的稳定波形；如果两个通道的信号不相关，则得到一个稳定的波形和一个不稳定的波形。

按下此按钮，在显示两个通道的信号时，触发信号交替来自两个通道。显示通道 1 的波形时，由通道 1 的信号产生触发脉冲，在屏幕上显示通道 1 稳定的波形；切换到通道 2 时，由通道 2 的信号产生触发脉冲，显示通道 2 稳定的波形。这样即使两个信号不相关，也能在屏幕上得到两个稳定的波形。

（2）触发电平旋钮（LEVEL）。

旋转此旋钮，调节触发电平的高低。触发电平太高，波形可能永远达不到设置的触发电平，处于自由扫描状态，不能得到稳定的波形；触发电平太低，对于复杂的波形，一个周期内有多个点超过触发电平。如图 3-16 所示，在第一个周期内的 a 点和 b 点均能产生触发脉冲并开始扫描，显示一个不稳定的信号波形，如图 3-17 所示。设置合适的触发电平，能够得到稳定的信号波形，如图 3-18 所示。

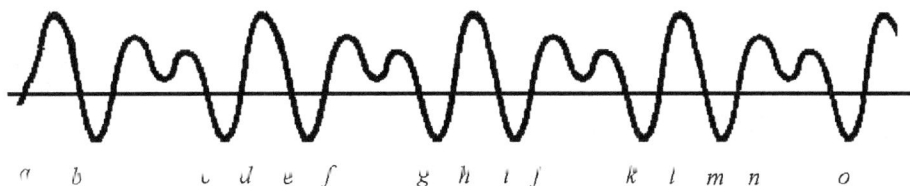

图 3-16　多点产生触发

75

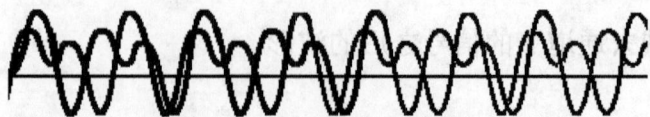

图 3-17　不稳定的信号波形

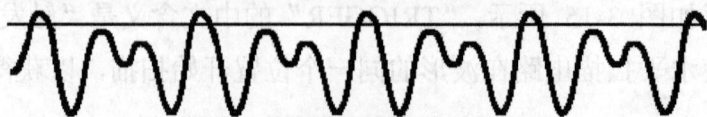

图 3-18　稳定的信号波形

（3）触发模式转换开关　MODE　AUTO　NORM　TV-V　TV-H。

AUTO：自动触发。有输入信号时，示波器正常扫描并显示；没有输入信号，示波器中的定时器自动触发扫描，显示屏上显示水平基线。

NORM：正常。没有输入信号或输入信号太弱不能满足触发条件，示波器不扫描，显示屏上没有任何显示；有输入信号并满足设置的触发条件时，示波器才进行扫描，显示相应波形。

TV-V：场同步触发。用于观察视频信号中一场的波形。外部输入的电视信号送到示波器内，由示波器内的场同步分离电路分离出场同步信号，将场同步信号送至触发电路，触发电路产生与场同步信号同步的触发信号，可以得到稳定的一场的视频信号波形。如图 3-19 所示为电视灰度图像的一场的视频信号的波形图。

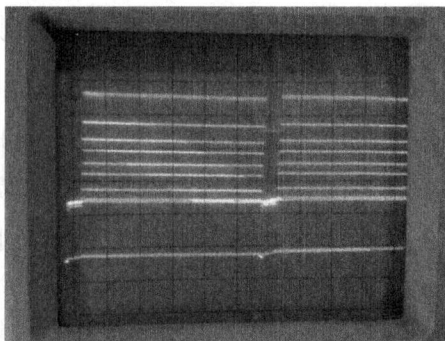

图 3-19　电视灰度图像的一场的视频信号的波形图

TV-H：行同步触发。用于观察视频信号中一行的波形。外部输入的电视信号送到示波器内，由示波器内的行同步分离电路分离出行同步信号，将行同步信号送至触发电路，触发电路产生与行同步信号同步的触发信号，可以得到一行稳定的视频信号波形。如图 3-20 所示为电视灰度图像一行视频信号的波形图。

（4）触发沿选择按钮（SLOPE）。

此按钮选择信号的哪个边沿触发扫描，按钮弹起时，信号的上升沿触发扫描电路；按钮按下时，信号的下降沿触发扫描电路。

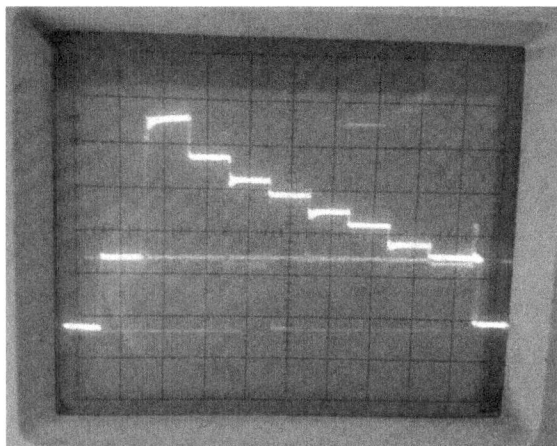

图 3-20　电视灰度图像的一行的视频信号的波形图

（5）触发源转换开关　SOURCE　CH1　CH2　LINE　EXT。

CH1：通道 1 的信号为触发源。可以得到通道 1 的稳定波形，通道 2 的波形可能不稳定。

CH2：通道 2 的信号为触发源。可以得到通道 2 的稳定波形，通道 1 的波形可能不稳定。

LINE：电源触发。使用 50Hz 的交流电作为触发信号，主要应用于测量与交流电源有关的信号。例如，在音频功放电路中检查交流电的干扰情况。

EXT：外部触发源。触发信号由外部信号源提供，外部触发信号通过"TRIG IN"接口输入。

（6）外部触发信号输入接口（TRIG IN）。

为 BNC 型接口，接示波器探头。使用外部信号作为触发源时，外部触发信号通过此接口输入到示波器。

自我检测

1．示波器的电源指示灯亮，在显示屏上看不见光点或光线，将亮度旋钮调到最大依然无效，还应该调节哪两个旋钮？

2．读出如图 3-21 所示波形的周期、频率和幅度。将时间/格旋钮（TIME/DIV）放在 2ms 位置，电压/格旋钮（VOLTS/DIV）放在 50mV 位置，水平扫描微调旋钮（SWP.VAR.）放在 CAL 位置。

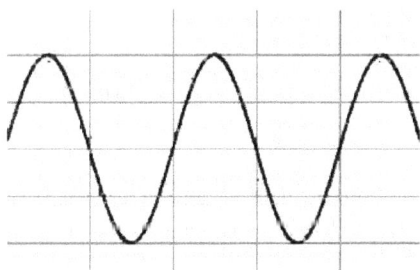

图 3-21　波形图

3．使用示波器能否测量一节干电池的电压？应如何操作？

4．示波器显示的波形太密集，应调整哪一个旋钮？如何调整？示波器不能显示一个完整的波形，应调整哪一个旋钮？如何调整？

5．示波器显示的波形幅度太低，应调整哪一个旋钮？如何调整？

6．某同学测量一个信号时，将触发源转换开关（SOURCE）拨到"EXT"（外部触发源），其他选择开关均正确，请问他能观察到什么现象？

任务3　模拟示波器的使用

📖 操作过程

1．示波器探头

示波器探头是在测试点和示波器之间建立的一条电子连接，它由头部、电缆、连接口组成，如图3-22所示。探头上的鳄鱼夹与信号地连接。探头头部有一个固定的探针，探针上还可以加接一个带挂钩的套，向下拉动护套露出挂钩。可以用探针接触测试点，也可以用挂钩钩住测试点。

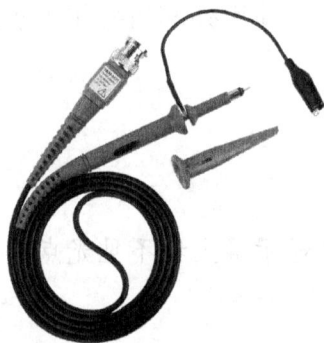

图3-22　示波器探头

2．校准示波器

使用示波器提供的频率为1kHz、幅度为1V（峰峰值为2V）的方波信号校准示波器。

（1）接上电源线，打开示波器开关。在触发系统的面板上，将触发模式转换开关（MODE）拨到"AUTO"，使屏幕上显示一条水平线。

（2）旋转水平位置调整旋钮和垂直位置调整旋钮，使光线显示在显示屏中央。

（3）调整聚焦旋钮和亮度旋钮，使光线的亮度合适，线径最细。

（4）在垂直控制系统的面板上，将输入耦合方式转换开关调至"GND"，将通道模式转换开关（MODE）拨到"CH1"。

（5）调整光迹旋钮（TRACE ROTATION），调整直流平衡调整旋钮（DC BAL），使水平扫描线在屏幕的中间，如图 3-23 所示。

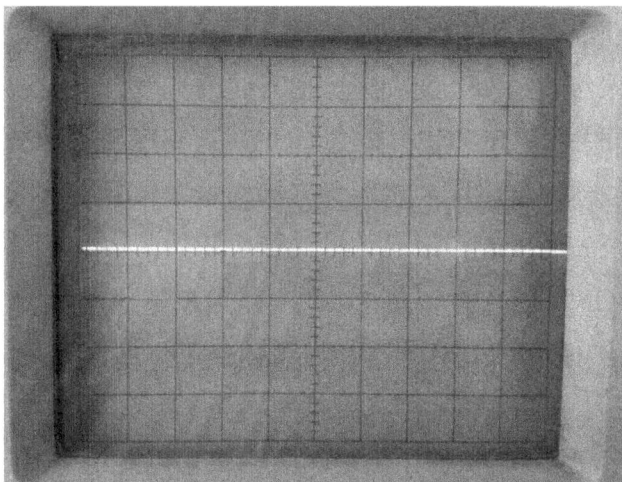

图 3-23　调整水平扫描线

（6）将触发源转换开关（SOURCE）拨到"CH1"。将探头的 BNC 端接到示波器通道 1 的 BNC 插座上。将输入耦合方式转换开关（AC、GND、DC）调至"AC"。

（7）标准信号源的峰峰值为 2V，将电压/格旋钮（VOLTS/DIV）拨到"0.5V"，将电压/格转换开关旋钮上面的微调旋钮顺时针旋到底，可以看见幅度大约占 4 个方格的波形。

（8）将探头的挂钩接至标准信号源，标准信号源的频率为 1kHz，周期为 $T=1/f=1ms$。将时间/格旋钮（TIME/DIV）拨到"0.5ms"，将水平扫描微调旋钮（SWP.VAR.）顺时针旋转到底，可以看见方波的波形，如果波形不稳定，调节触发面板的触发电平旋钮（LEVEL），可得到一个稳定的方波波形。方波的周期约占两个方格，最后的波形效果如图 3-24 所示。

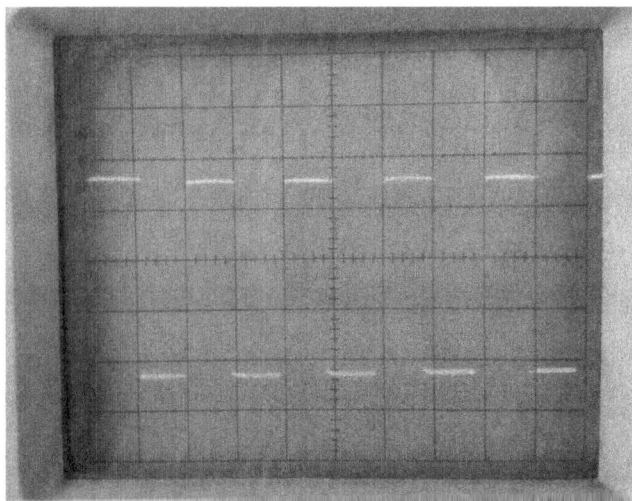

图 3-24　波形效果

3．测量单路信号

（1）准备一个信号发生器并接通电源。打开示波器，调节水平位置旋钮和垂直位置旋钮，使光点或光线显示在显示屏中央。

（2）在触发系统的面板上，将触发模式转换开关（MODE）拨到"AUTO"，使屏幕上显示为一条扫描线。调整聚焦旋钮和亮度旋钮，使光线的亮度合适，线径最细。

（3）将触发源转换开关（SOURCE）拨到"CH1"。将探头 BNC 端接示波器通道 1 插座。将探头的探针接信号发生器的输出端，将鳄鱼夹接信号发生器的地端。

（4）在垂直控制系统的面板上，将通道模式转换开关（MODE）拨到"CH1"。将输入耦合方式转换开关（AC、GND、DC）调至"AC"或"DC"。

（5）调整电压/格旋钮（VOLTS/DIV），观察信号的幅度，使信号的幅度在显示屏的中央。

（6）调整时间/格旋钮（TIME/DIV），观察信号的波形，直到看到一个稳定或不稳定的波形。

（7）如果波形不稳定，调节触发系统的面板的触发电平旋钮（LEVEL），或调整水平扫描微调旋钮（SWP.VAR.），得到一个稳定的波形。

4．测量双路信号

被观测的两路信号应该有一定的关联，例如，观测整流电路前后的波形变化。如果两路信号没有任何关联，则同时观测这两个波形没有实际意义。下面我们通过研究电容上的电流超前电压的实验，学习用示波器测量两路信号的方法。

（1）接通信号发生器的电源，将一个电容和一个电阻的串联电路接到信号源两端。电阻的作用为采样流过电容的电流，应选用阻值较小的电阻。

（2）接通示波器电源，使光点或光线显示在屏幕中央。使光线的亮度合适，线径最细。

（3）在触发系统的面板上将触发源转换开关（SOURCE）拨到"CH1"或"CH2"。

（4）将通道 1 的探头接在信号源两端，通道 2 的探头接在电阻两端。

（5）在垂直控制面板上，将通道模式转换开关（MODC）拨到"DUAL"。将通道 1 和通道 2 的输入耦合方式转换开关（AC、GND、DC）调至"AC"或"DC"。

（6）调整通道 1 的电压/格旋钮（VOLTS/DIV），观察信号的幅度，使信号的幅度占屏幕的 1/3。调整通道 1 的垂直位置调整旋钮（POSITION），使通道 1 的波形在屏幕上边。

（7）调整通道 2 的电压/格旋钮（VOLTS/DIV），观察信号的幅度，使信号的幅度占屏幕的 1/3。调整通道 2 的垂直位置调整旋钮（POSITION），使通道 2 的波形在屏幕的下边。

（8）调整时间/格旋钮（TIME/DIV），观察信号的波形，直到看到一个稳定或不稳定的波形。

（9）如果波形不稳定，调节触发面板的触发电平旋钮（LEVEL），或调整水平扫描微调旋钮（SWP.VAR.），得到稳定的波形，如图 3-25 所示。

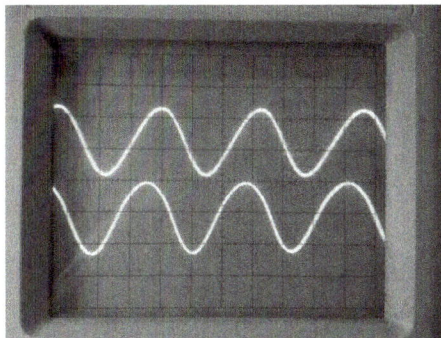

图 3-25　稳定的波形

自我检测

1．使用示波器测量低频信号发生器输出的信号，调整信号发生器输出信号的幅度和频率，用示波器进行跟踪显示。

2．使用示波器同时观测半波整流电路的输入和输出信号的波形。

任务4　模拟示波器综合实训

实训目的

将小信号通过负反馈放大电路进行放大，使用示波器观察输出信号的失真情况，熟悉模拟示波器的使用。

实训器材

1．模拟示波器 1 台。

2．直流稳压电源 1 台。

3．低频信号发生器 1 台。

4．万用表、电烙铁、镊子、剪线钳等常用工具。

5．负反馈放大电路器件 1 套，清单见表 3-1。

表 3-1　负反馈放大电路器件清单

器 件 标 号	数　　值	器 件 标 号	数　　值	器 件 标 号	数　　值
R_1	51kΩ	R_2	24kΩ	R_3	3kΩ
R_4	100Ω	R_5	1.5kΩ	C_1	10μF
C_2	10μF	C_3	10μF	Q_1	9013

操作过程

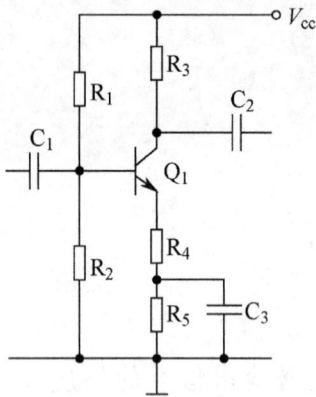

图 3-26　电路图

1. 组装电路

检测所给器件是否符合要求，按照如图 3-26 所示的电路图组装电路。

2. 电路与测试设备的连接

将直流稳压电源调至 12V，电源正极、负极输出线分别接被测电路的 V_{cc} 端和接地端。低频信号发生器输出线接被测电路的输入端，调节低频信号发生器，使其输出 40mV、1kHz 的低频信号。示波器的探头接被测电路的输出端。

3. 测量输出波形

（1）打开示波器，调节水平位置旋钮和垂直位置旋钮，使光点或光线显示在屏幕中央。

（2）在触发系统的面板上，将触发模式转换开关（MODE）拨到"AUTO"，使屏幕上显示一条扫描线。调整聚焦和亮度旋钮，使光线的亮度合适，线径最细。

（3）将触发源转换开关（SOURCE）拨到"CH1"。将探头 BNC 端接示波器通道 1 插座。将探头的探针接放大电路的输出端，鳄鱼夹接放大电路的地端。

（4）在垂直控制面板上，将通道模式转换开关（MODE）拨到"CH1"。将输入耦合方式转换开关（AC、GND、DC）调至"AC"。

（5）旋转电压/格旋钮至"0.5V"位置，旋转时间/格旋钮（TIME/DIV）至"0.2ms"位置，在显示屏上得到一个正弦波形。

（6）调节触发系统的面板的触发电平旋钮（LEVEL）或水平扫描微调旋钮（SWP.VAR.），得到一个稳定的波形。

（7）读取波形的幅度、周期，计算波形的频率。

4. 测量输入波形

将示波器的探头接被测电路的输入端，旋转电压/格旋钮（VOLTS/DIV）至"20mV"位置，在显示屏上得到输入波形。读取波形的幅度，计算电路的电压放大倍数 A_v：

$$A_v = \frac{V_o}{V_i}$$

其中，V_o 为输出电压，V_i 为输入电压。

任务 5　数字示波器简介

数字示波器的微处理器集成度高、数据处理速度快、自动化程度高，能够捕捉脉冲波形，其测量的数据可以输出并长期保存。不同的数字示波器还可提供不同的分析软件，如各种逻辑分析、频谱分析、通信协议分析、波特图分析等，可为各类数码产品和网络产品的维修提供大量有用的信息。在电子类、网络类、通信类、电工类等证书的考试中，数字示波器已经成为常用的测量工具。"

操作过程

数字示波器可以存储模拟信号波形，可进行负延时触发，便于观测单次过程，具有多种显示方式和输出方式，还可以进行数学计算和数据处理，如自动给出波形的频率、幅度、前后沿时间等。数字示波器的出现使示波器的功能发生了重大变革。

1. 数字示波器的工作原理

（1）波形取样。

波形取样也称为采样，是指对时间上连续变化的模拟信号，每间隔一段时间获取该信号的数值，即将连续变化的模拟信号转变为离散的模拟信号，如图 3-27 所示。采样又称为波形的离散化过程。

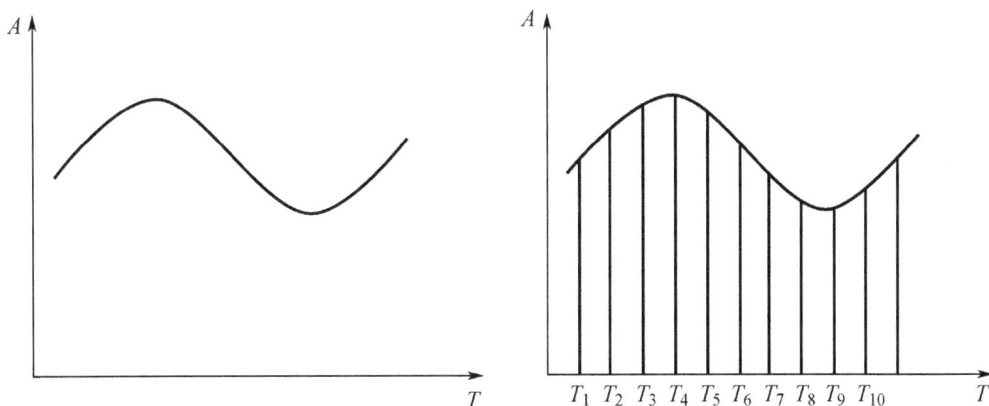

图 3-27　波形取样

（2）A/D 转换（模数转换）。

将取样得到的各个数值进行模数转换，如图 3-28 所示，得到相应的数字量（0111、1000、1001 等），把这些数值存放到存储器中。

任务6 数字示波器面板简介

✎ 操作过程

下面以 EDS102C 数字示波器为例介绍数字示波器的面板及功能。

1. 前面板

EDS102C 数字示波器的前面板如图 3-30 所示。

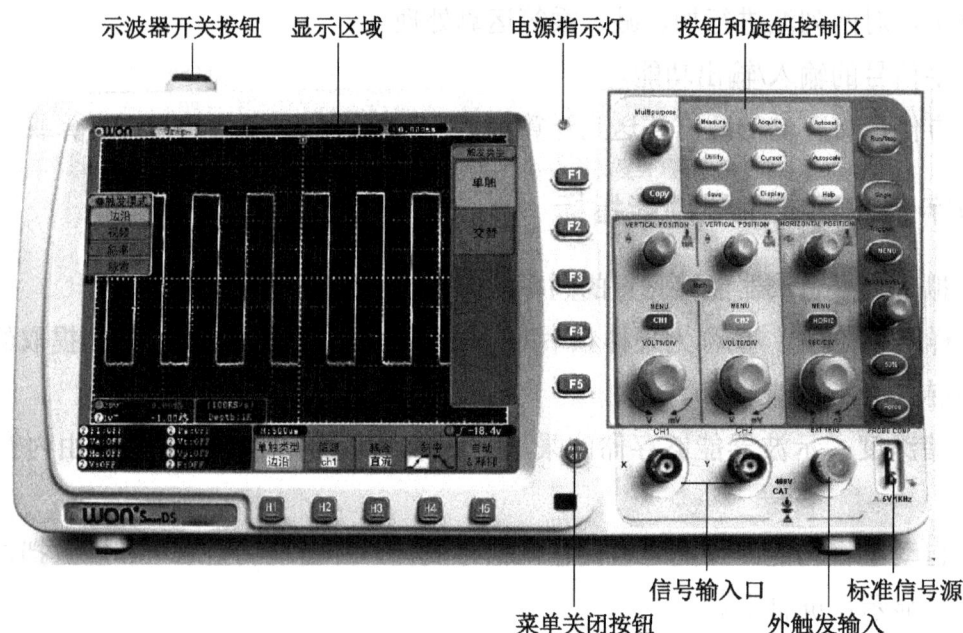

图 3-30 EDS102C 数字示波器的前面板

（1）示波器开关按钮。

该开关为自锁开关按钮。按下此按钮打开示波器，弹起此按钮关闭示波器。使用此按钮关闭示波器后仍然可以对示波器进行充电。

（2）显示区域。

显示区域采用 TFT 液晶显示屏，对角线尺寸为 8 英寸，分辨率为 800×600 像素。屏幕上不仅显示信号波形，还显示信号的参数和相关的控制信息。

（3）电源指示灯。

电源指示灯不亮表示没有接入市电；电源指示灯显示绿灯表示接入市电，但电池已经充满；电源指示灯显示黄灯表示电池正在充电。

（4）按钮和旋钮控制区。

此面板上的按钮、旋钮与屏幕右边和下面的按钮用于数字示波器的操作和设置。

（5）标准信号源。

示波器输出 5V、1kHz 的标准方波信号。

（6）外触发输入。

外部触发信号从此端口输入示波器。

（7）信号输入口。

EDS102C 示波器可以同时测试两路信号的波形，被测信号从这两个端口输入到示波器中。

（8）菜单关闭按钮。

在进行各项设置时屏幕上将显示各种不同的菜单，设置结束后按此按钮可以关闭各显示菜单，使屏幕便于观测信号波形。

2．左面板

EDS102C 数字示波器的左面板如图 3-31 所示。

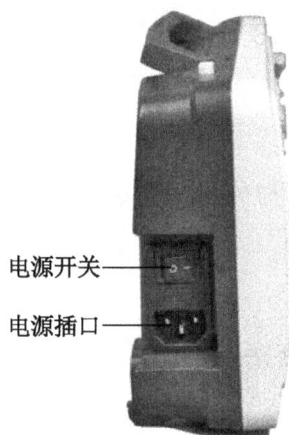

图 3-31　EDS102C 数字示波器的左面板

（1）电源开关。

电源开关的"−"端代表电源接通；"○"端代表电源关闭。如果关闭此电源开关，将不能对示波器内的电池进行充电。

（2）电源插口。

交流电源线连接此插口可以为示波器供电或为示波器内的电池充电。

3．右面板

EDS102C 数字示波器的右面板如图 3-32 所示。

（1）USB Host 接口。

示波器作为"主设备"与外部 USB 设备连接时（例如，通过 U 盘对示波器进行软件升级），使用该接口。

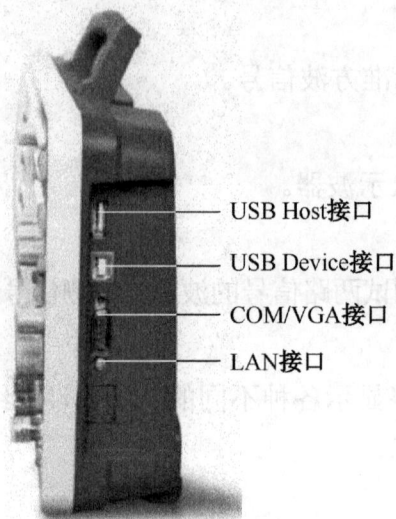

图 3-32　EDS102C 数字示波器的右面板

（2）USB Device 接口。

示波器作为"从设备"与外部 USB 设备连接时（例如，将被测信号的数据送至计算机），使用该接口。

（3）COM/VGA 接口。

COM/VGA 接口可作为串口接口与外部设备相连，也可以作为 VGA 接口连接到显示器或投影仪上。

（4）LAN 接口。

LAN 接口是示波器与计算机相连接的网络接口。

4．后面板

EDS102C 数字示波器的后面板如图 3-33 所示。可收纳式提手在使用时拉出，在不使用时折叠。仪器内部的热量通过散热孔排出，注意不能堵塞散热孔。示波器垂直放置时可以拉出脚架，并可用脚架调节仪器的倾斜角度。

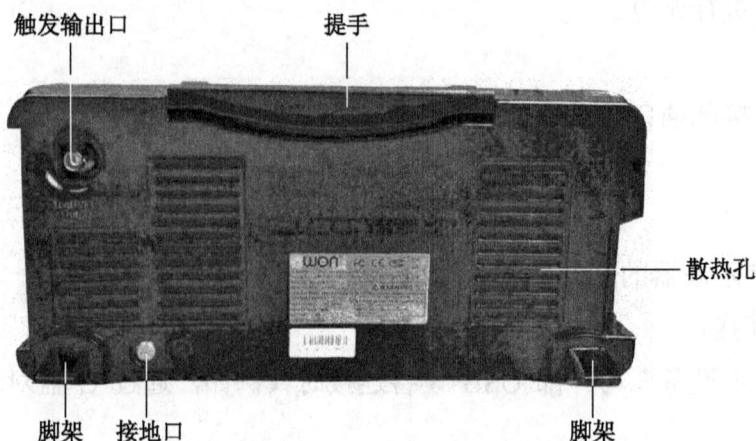

图 3-33　EDS102C 数字示波器的后面板

5．按钮控制区

数字示波器的各种设置都是通过面板上的不同按钮来完成的，按钮控制区如图 3-34 所示。

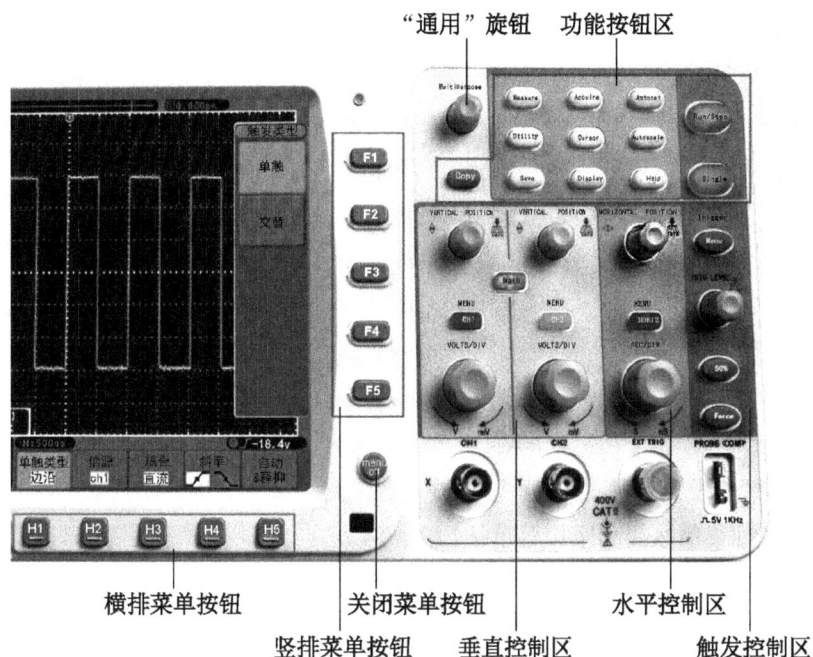

图 3-34　EDS102C 数字示波器的按钮控制区

（1）横排菜单按钮。

包括 5 个按钮：H1～H5。根据不同的设置，横排菜单按钮的上方显示不同的功能菜单。按 H1～H5 其中一个按钮，可选择对应的菜单选项，如图 3-35 所示。

（2）竖排菜单按钮。

包括 5 个按钮：F1～F5。根据不同的设置，竖排菜单按钮的左边显示不同的功能菜单。按 F1～F5 其中一个按钮，可选择对应的菜单选项，如图 3-35 所示。

（3）"通用"旋钮。

屏幕左侧弹出如图 3-36 所示的浮动菜单时，旋转"通用"旋钮可在不同菜单选项中进行选择；按下此旋钮关闭浮动菜单。

竖排菜单和浮动菜单都是横排菜单的子菜单，按不同的横排按钮，可能在屏幕的右边显示竖排菜单，也可能在屏幕的左边弹出浮动菜单，或同时弹出横排菜单和浮动菜单。例如，在图 3-34 中按横排按钮的 H1 按钮，竖排按钮菜单为"触发类型"，浮动按钮菜单为"触发模式"；按竖排按钮的 F1 或 F2 按钮，可选择"单触"或"交替"选项，旋转"通用"旋钮，可选择"边沿""视频""斜率"或"脉宽"选项。

（4）关闭菜单按钮。

关闭当前屏幕上显示的菜单。

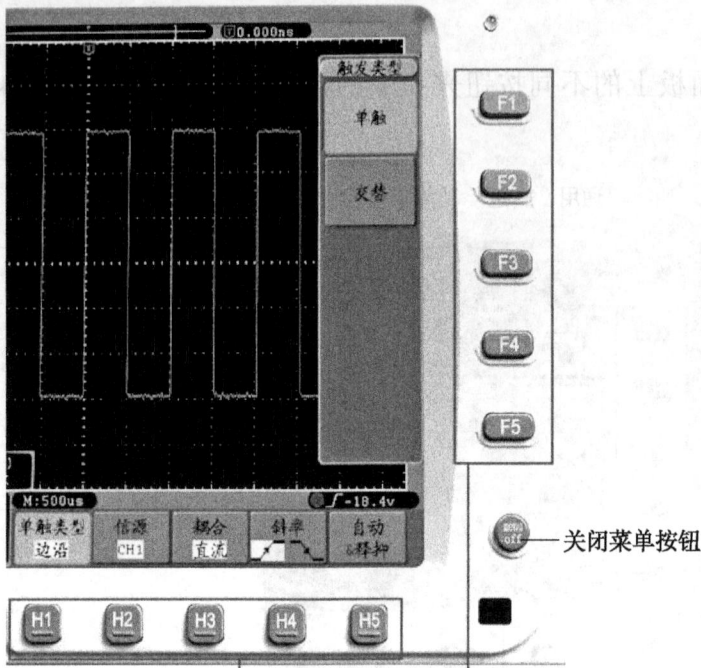

关闭菜单按钮

图 3-35　横排菜单按钮和竖排菜单按钮

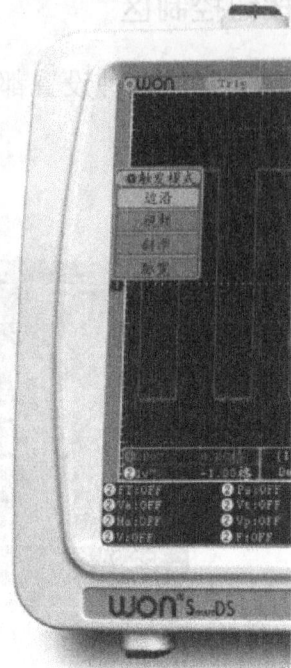

图 3-36　浮动菜单

（5）功能按钮区。

共 12 个按钮，如图 3-37 所示。

（6）垂直控制区。

如图 3-38 所示，包括 3 个按钮和 4 个旋钮。

CH1 区域对应通道 1 的设置，CH2 区域对应通道 2 的设置，两个区域中间的"Math"按钮用于设置波形的各种计算，如加、减、乘、除及 FFT 等运算。

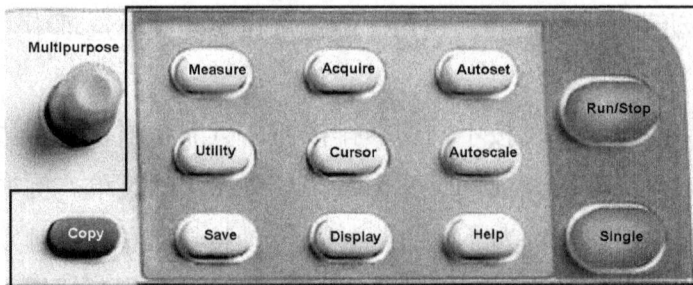

图 3-37　功能按钮区

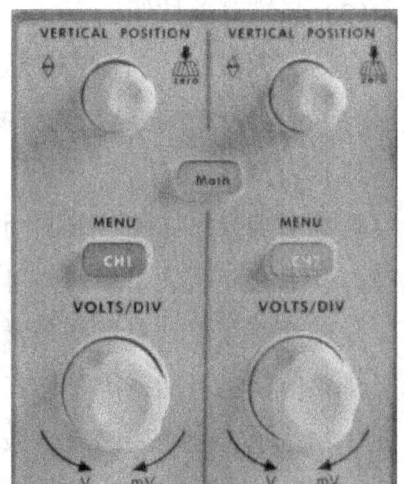

图 3-38　垂直控制区

两个区域最上面的"VERTICAL POSITION"旋钮的含义是"垂直位置"，可以控制通道 1 和通道 2 的波形在垂直方向的移动。

两个"MENU"按钮可以打开或关闭该通道,并设置通道的耦合方式等参数。

两个电压/格旋钮(VOLTS/DIV),分别控制通道 1、通道 2 的电压量程,旋转该旋钮,可使波形在垂直方向上拉伸或压缩。

(7)水平控制区。

如图 3-39 所示,"HORIZONTAL POSITION"的含义是"水平位置",调节该旋钮可以改变触发的水平位置,同时波形在水平方向移动。"MENU"按钮用于进行水平系统的设置。"SEC/DIV"旋钮的含义是"秒/格",旋转该旋钮,可改变时基的挡位,可使波形在水平方向上拉伸或压缩。

(8)触发控制区。

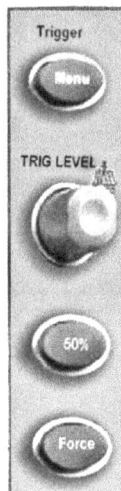

如图 3-40 所示,触发控制区用于设置触发扫描的各种选项;"TRIG LEVEL"旋钮用于设置触发电平,调整该旋钮时屏幕上一条水平红线在垂直方向移动,表示触发电平的高低;"50%"按钮用于设置触发电平在触发信号幅值的中点;"Force"按钮为强制触发按钮,按下此按钮,立即开始触发扫描。

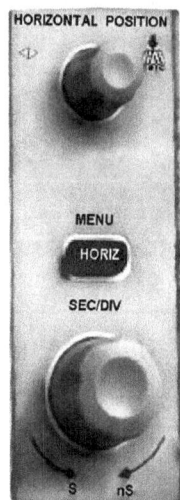

图 3-39　水平控制区　　　　　　图 3-40　触发控制区

自我检测

1．熟悉数字示波器的各面板及安全使用规范。

2．接通示波器电源,打开左侧的电源开关,按仪器上面的示波器开关按钮。示波器内部的继电器将发出轻微的"咔嗒"声,执行自检项目,并显示欢迎画面。稍后,出现测量界面,此时示波器可正常使用。

3．按仪器上面的示波器开关按钮,关闭仪器。此时,市电仍然对示波器内的电池充电。关闭仪器左侧的电源开关,可停止对示波器内电池的充电。

任务7 示波器的屏幕界面

✎ 操作过程

数字示波器的屏幕如图 3-41 所示。设置不同时，屏幕显示可能不完全相同，图中各数字标注的含义如下。

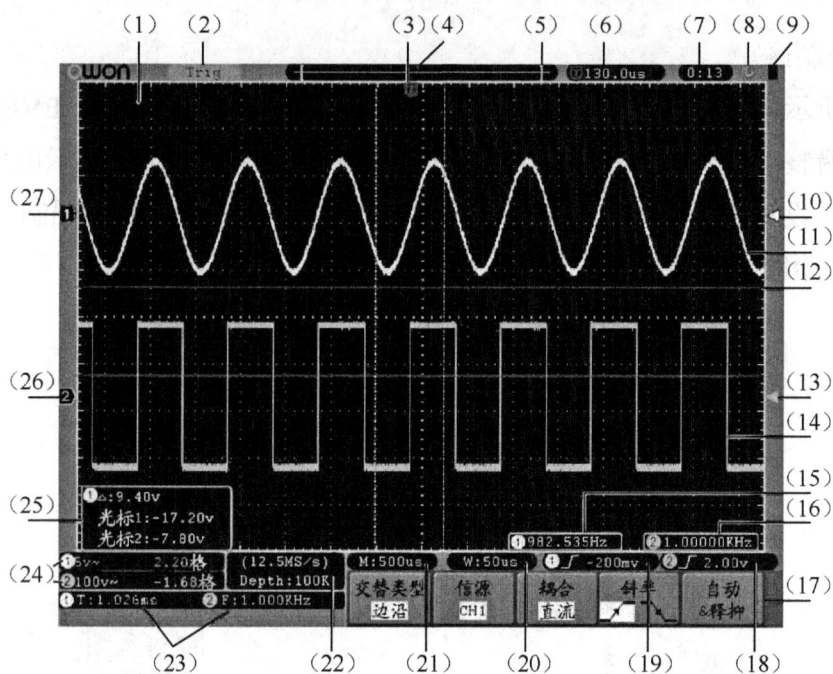

图 3-41 数字示波器的屏幕

（1）波形显示区。

（2）触发状态提示，不同的触发状态将显示不同的提示信息。

- Auto：示波器处于自动方式，屏幕显示输入的信号波形。

- Trig：示波器已检测到一个触发，正在采集输入的信号。

- Ready：示波器已准备就绪，接收触发。

- Scan：示波器以扫描方式连续地显示信号波形。

- Stop：示波器已停止采集波形数据，屏幕显示固定的波形。

（3）方框内有一个紫色字母"T"，指示波形中触发点的位置，此位置的左边是触发前的波形，右边是触发后的波形。旋转水平控制区的"HORIZONTAL POSITION"旋钮时，此标志随之在水平方向移动。

（4）红色三角形指针，指针所在窗口表示整个内存，指针标示触发点在内存中的位置。旋转水平控制区的"HORIZONTAL POSITION"旋钮并再次触发扫描时，三角形指针发生变化。

（5）两条黄色虚线，虚线所在窗口表示整个内存，两条虚线表示屏幕中的波形在内存中的位置。旋转水平控制区的"HORIZONTAL POSITION"旋钮时，两条黄色虚线随之改变。

（6）偏离的时间，指示触发点偏离中点的时间值。旋转水平控制区的"HORIZONTAL POSITION"旋钮时，此数值随之改变。

（7）显示系统设置的时间。

（8）表示当前有 U 盘插入示波器。

（9）当前电池电量。

（10）红色指针，指示通道 1 触发电平位置。旋转触发控制区的"TRIG LEVEL"旋钮，在该指针处出现一条水平线指示触发电平并在垂直方向移动。

（11）通道 1 的波形。

（12）两条紫色水平虚线，指示波形不同点的电压。一条线指示通道 1 波形电压，另一条线指示通道 2 波形电压。通过旋转垂直控制区的两个"VERTICAL POSITION"旋钮，在垂直方向移动两条虚线，在屏幕的左下角有一个光标测量窗口，窗口中显示虚线指示的电压值。

（13）黄色指针，指示通道 2 触发电平位置。

（14）通道 2 的波形。

（15）显示通道 1 信号的频率。

（16）显示通道 2 信号的频率。

（17）横排菜单按钮 H1～H5 的功能菜单。在示波器右边的按钮和旋钮控制区选择不同的按钮，在此将显示不同的功能菜单。

（18）表示通道 2 的触发类型和触发电平。

（19）表示通道 1 的触发类型和触发电平。

（20）扩展时基值。数字示波器可以将波形的某一部分扩展放大，此处显示波形扩展后的时基数值。

（21）主时基数值，即正常显示时水平一小格表示的时间。

（22）当前的采样率与存储深度（记录长度）。

（23）显示相应通道的测量参数与测量值。测量参数可以根据需要进行增减。

（24）显示相应通道的电压挡位、耦合方式及波形中心偏离 X 轴的距离。"—"表示直流耦合，"～"表示交流耦合。将屏幕看作一个坐标系，X 轴为屏幕正中间的一条水平线。例如显示"①5V～2.20 格　②100V～-1.68 格"，则表示通道 1 的波形为 5V/格，交流耦合，波形中心向上偏移 2.20 格；通道 2 的波形为 100V/格，交流耦合，波形中心向下偏移 1.68 格。

（25）光标测量窗口，显示图中数字标示为 1、2 的两条紫色水平虚线电压差的绝对值及两条线的电压值。

（26）黄色指针，表示通道2波形的零点位置，即输入端接地时显示的水平线的基准点。如果没有此指针，说明通道2没有打开。

（27）红色指针，表示通道1波形的零点位置，即输入端接地时显示的水平线的基准点。如果没有此指针，说明通道1没有打开。

自我检测

1．熟悉数字示波器的屏幕。

2．读出图3-41中的正弦波的频率，读出方波的频率。

3．图3-41中正弦波从最高峰到最低峰约占2.5格，计算正弦波的峰峰值。

任务8 示波器的使用

操作过程

1．示波器探头

示波器探头上有1×和10×两挡衰减开关，如图3-42所示，拨到1×挡时对波形不衰减，拨到10×挡时对波形衰减10倍。示波器出厂时在菜单设置中对探头衰减系数的预设置为10×，因此，需将示波器探头上的衰减开关拨到10×挡。

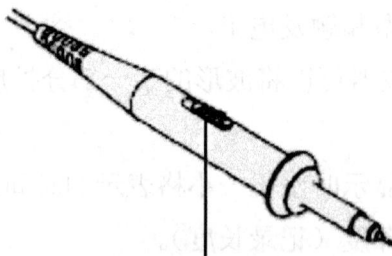

示波器探头衰减开关

图3-42 示波器探头

将探头上的BNC插头插入示波器通道1的BNC插座并向右旋转、拧紧。把探头的探钩和接地夹接到示波器的标准信号源上，按功能按钮区的Autoset（自动设置）按钮，几秒钟后可以看见屏幕上显示频率为1kHz、峰峰值为5V的方波信号，如图3-43所示。

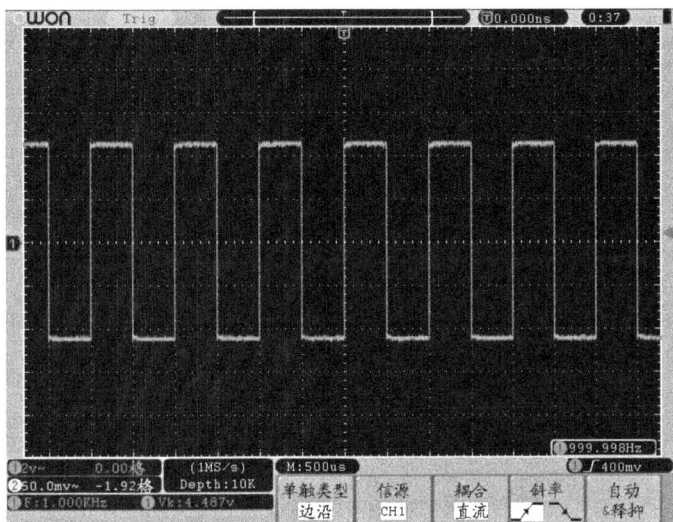

图 3-43　方波信号

2．垂直控制区

如图 3-38 所示，旋转"VERTICAL POSITION"旋钮，控制波形在垂直方向移动；旋转"VOLTS/DIV"旋钮，控制波形在垂直方向上拉伸或压缩。如果通道被关闭，按"MENU"按钮打开该通道，并在横排菜单按钮 H1～H5 的上方显示菜单，如图 3-44 所示。如果显示该通道的波形但没有显示其菜单，按"MENU"按钮显示其菜单。如果既显示波形又显示菜单，关闭该通道，该通道的波形和菜单均消失。

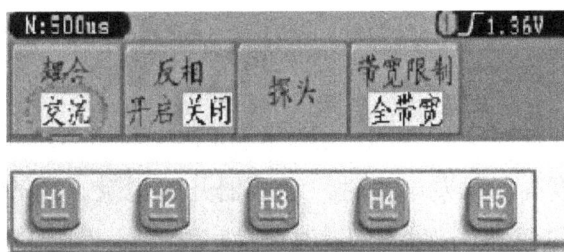

图 3-44　在 H1～H5 上方显示菜单

按横排菜单下面的 H1 按钮，弹出竖排菜单，"耦合"菜单，如图 3-45 所示。在竖排菜单中选择耦合方式。按 F1 按钮选择直流耦合方式，被测信号的直流分量和交流分量都输入到示波器中；按 F2 按钮选择交流耦合方式，被测信号的直流分量被阻隔，只输入交流分量；按 F3 按钮则断开输入信号。

按横排菜单下的 H2 按钮，打开或关闭波形反相功能。

按横排菜单下的 H3 按钮，弹出竖排菜单，"探头"菜单，如图 3-46 所示。第 1 个选项设置探头的衰减倍数，按 F1 按钮屏幕左边弹出"衰减"浮动菜单，如图 3-47 所示。旋转"通用"旋钮，如图 3-48 所示，可选择探头的衰减倍数。

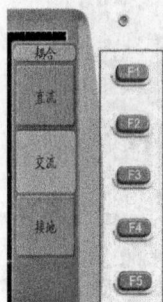

图 3-45　"耦合"菜单　　　　　　图 3-46　"探头"菜单

图 3-47　"衰减"浮动菜单　　　　图 3-48　"通用"旋钮

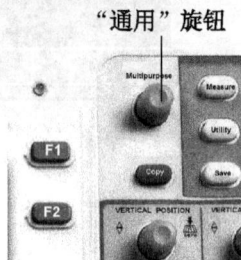

3．水平控制区

如图 3-39 所示，旋转"HORIZONTAL POSITION"旋钮，波形在水平方向移动；旋转"SEC/DIV"旋钮，波形在水平方向上拉伸或压缩。

4．触发控制区

如图 3-40 所示，旋转"TRIG LEVEL"旋钮时屏幕上有一条水平红线在垂直方向移动，设置触发电平，当信号的强度高于触发电平时，示波器开始记录。"50%"按钮设置触发电平在输入信号幅值的中点；"Force"按钮为强制触发按钮；按"Trigger"按钮时，弹出"触发"横排菜单，如图 3-49 所示。

（1）按"触发"横排菜单的 H1 按钮，弹出"触发类型"竖排菜单和"触发模式"浮动菜单，如图 3-50 所示。

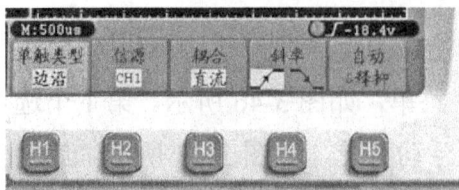

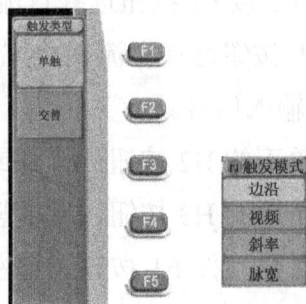

图 3-49　"触发"横排菜单　　　图 3-50　"触发类型"竖排菜单和"触发模式"浮动菜单

在竖排菜单选择"触发类型"。按 F1 按钮选择"单触"触发,即对单一通道触发扫描,另一通道随触发通道进行扫描,可以获得一个通道的稳定波形,另个一通道的波形可能不稳定;按 F2 按钮选择"交替"触发,即对两个通道分别触发扫描,可以获得两个通道的稳定波形。

在浮动菜单选择"触发模式",旋转"通用"旋钮进行选择。"边沿"触发:在信号上升或下降到某一给定电平时产生触发扫描。"视频"触发:对标准视频信号进行场或行视频触发。"斜率"触发:信号的上升或下降达到给定条件产生触发扫描。"脉宽"触发:脉冲达到给定宽度产生触发扫描。

(2)按横排菜单的 H2 按钮,选择触发信号源,通道 1(CH1)或通道 2(CH2)。

(3)按横排菜单的 H3 按钮,选择触发信号的耦合方式,直流耦合或交流耦合。

(4)按横排菜单的 H4 按钮,选择在信号上升时触发扫描或下降时触发扫描。

(5)按横排菜单的 H5 按钮,选择"自动",使示波器在没有检测到触发条件下也能采集波形。触发"释抑"是调节两次触发之间的时间间隔。

自我检测

1．使用示波器测试仪器内的标准信号,获得稳定的方波波形。

2．在垂直方向移动波形应使用哪些旋钮?在水平方向移动波形应使用哪些旋钮?

3．垂直放大或缩小波形应使用哪些旋钮?水平拉伸或压缩波形应使用哪些旋钮?

4．如何关闭一个通道?

5．如何获得两个通道互不相干信号的稳定波形?

任务 9　数字示波器的功能按钮

操作过程

数字示波器提供了辅助波形测量的功能按钮,这些功能按钮在示波器面板的右上方,如图 3-51 所示。

1．Run/Stop 按钮

运行或停止波形采样按钮。停止采样后,在屏幕的左上角绿色的"Trig"变为红色的"Stop",示波器将显示存储在内存中的最后一次采样的信号波形,显示的波形与外界信号源没有关系,即使信号源消失,显示的波形也不会改变。

2．SIngle 按钮

单次按钮。按下此按钮,设置触发方式为单次,检测到一次触发则采样一个波形,然后

旋转两个通道的"垂直位置"旋钮调整两条虚线的位置，位于波形左下方的光标窗口显示两条虚线位置的电压值及电压差值，如图 3-57 所示。

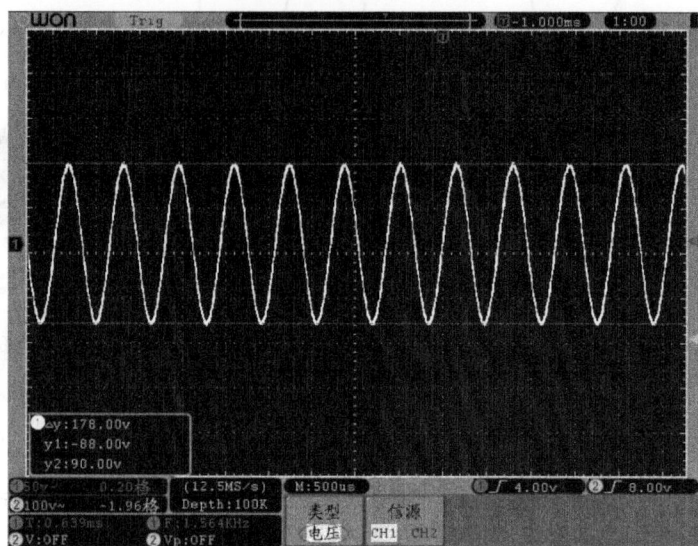

图 3-57　显示电压值

在竖排菜单中按 F3 按钮选择"时间"，则屏幕中显示两条垂直紫色虚线。旋转两个通道的"垂直位置"旋钮调整两条虚线的位置，位于波形左下方的光标窗口显示两条虚线位置的时间值、时间的差值及差值的倒数，如图 3-58 所示。

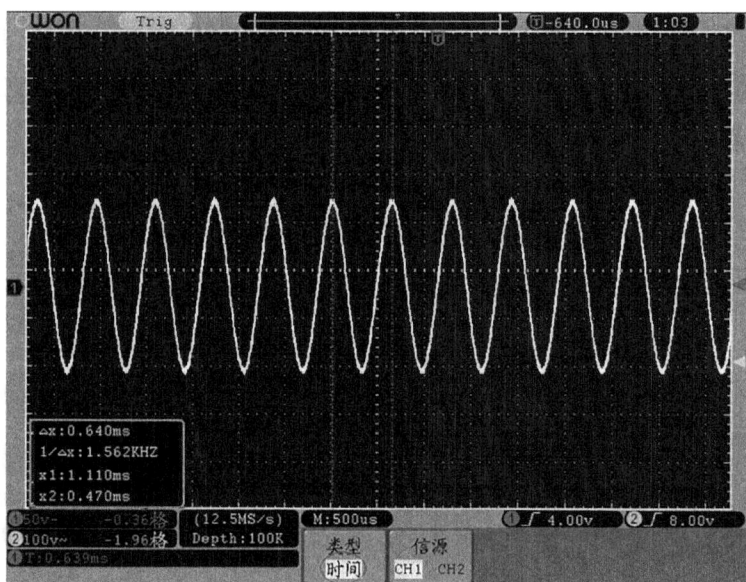

图 3-58　显示时间值

8．Display 按钮

显示按钮。按此按钮弹出"显示"横排菜单，如图 3-59 所示。

图 3-59 "显示"横排菜单

（1）H1：选择显示"类型"。点：只显示采样点。矢量：用矢量线段填补采样点之间的空间。

（2）H2：选择"余辉"的时间。按 H2 按钮后可以选择的选项有：关闭、1 秒、2 秒、5 秒、无限。

（3）H3：开启或关闭"XY 显示"。选择 XY 显示方式以后，水平轴使用通道 1 的信号，垂直轴使用通道 2 的信号。

（4）H4：开启或关闭"硬件频率计"。硬件频率计为 6 位有效数字，测量的频率范围为 2Hz～满带宽。只有当测量触发模式为"边沿"时才能正确测量频率。触发类型为"单触"时为单通道频率计，只测量触发通道上信号的频率；触发类型为"交替"时，为双通道频率计，可以同时测量两个通道的信号频率。频率计显示在屏幕的右下角。

（5）H5：开启或关闭"VGA 显示"。如果配置 VGA 接口就可以和显示器连接，在显示器上显示示波器的图像。

9．Measure 按钮

测量按钮。示波器可自动测量 20 种数据，包括频率、周期、平均值、峰峰值、均方根值、最大值、最小值、顶端值、底端值、幅值、过冲、欠冲、上升时间、下降时间、正脉宽、负脉宽、正占空比、负占空比、延迟 AB（上升沿）、延迟 AB（下降沿）。

按"测量"按钮，弹出"测量"横排菜单，如图 3-60 所示。按 H1 按钮弹出"测量"竖排菜单，如图 3-61 所示。按 F2 按钮可选择测量的"信源"（通道 CH1 或 CH2）；按 F3 按钮选择"快照全部"将显示全部测量值。

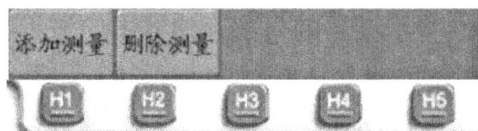

图 3-60 "测量"横排菜单

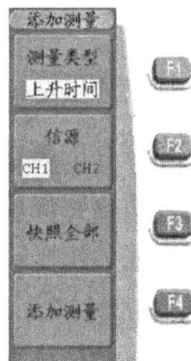

图 3-61 "测量"竖排菜单

按 F1 按钮，弹出"测量类型"的浮动菜单，使用"通用"旋钮选择一个测量数据，按

2．捕捉单次信号

数字示波器的优势是可以方便地捕捉脉冲、毛刺等非周期性的信号。若捕捉一个单次信号，需要知道此信号的电平，并将触发沿设置为"上升沿"触发。下面我们用示波器测量手的感应信号波形，具体操作步骤如下：

（1）设置"探头"竖排菜单中的衰减系数为"10×"，并将探头上的开关设置为"10×"。

（2）手接触探头的金属部分，调整通道 1 的 VOLTS/DIV（电压/格）旋钮和水平 SEC/DIV（时间/格）旋钮，使波形在合适的垂直与水平范围内。

（3）按 Acquire（采样）按钮，在弹出的横排菜单中按 H1 按钮，显示"采集模式"竖排菜单。按 F2 按钮，选择"峰值检测"选项。

（4）按 Trigger 按钮，在弹出的"触发"横排菜单中按 H1 按钮，显示"触发类型"竖排菜单。按 F1 按钮，选择"触发类型"为"单触"选项。

（5）旋转"通用"旋钮，选择触发模式为"边沿"选项。

（6）在横排菜单中按 H2 按钮，选择信号源通道为"CH1"。按 H3 按钮，选择耦合方式为"直流耦合"选项。按 H4 按钮，选择触发沿为"上升沿"选项。

（7）旋转"TRIG LEVEL"（触发电平）旋钮，调整触发电平到被测信号的中值。

（8）如果示波器没有开始采集信号，按 Run/Stop（运行/停止）按钮，启动获取信号。

（9）按 Single（单次）按钮，屏幕左上角显示"Ready"。用手触碰探头的金属部分，捕捉手的感应信号波形。

自我检测

1．使用数字示波器测量低频信号发生器输出的信号，调整信号发生器输出信号的幅度和频率，用示波器进行跟踪显示。

2．使用数字示波器的同时观测半桥整流电路输入信号和输出信号的波形。

任务 11　数字示波器综合实训

实训目的

将小信号分别通过 2 级放大电路进行放大，通过使用示波器观察每一级信号的放大情况，熟悉数字示波器的使用。

📖 *实训器材*

1．数字示波器 1 台。
2．直流稳压电源 1 台。
3．低频信号发生器 1 台。
4．万用表、电烙铁、镊子、剪线钳等常用工具。
5．2 级放大电路器件 1 套，清单见表 3-2。

表 3-2　2 级放大电路器件清单

器 件 标 号	数　值	器 件 标 号	数　值	器 件 标 号	数　值
R_1	51kΩ	R_2	24kΩ	R_3	3kΩ
R_4	100Ω	R_5	1.5kΩ	R_6	47kΩ
R_7	20kΩ	R_8	3kΩ	R_9	20kΩ
R_{10}	1.5kΩ	C_1	10μF	C_2	10μF
C_3	10μF	C_4	10μF	C_5	10μF
Q_1	9013	Q_2	9013	V_{cc}	12V

📖 *操作过程*

1．组装电路

检测所给器件是否符合要求，按照如图 3-66 所示的电路图组装电路。

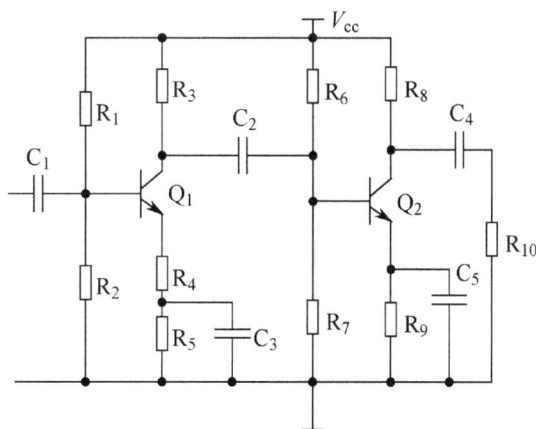

图 3-66　电路图

2．电路与测试设备的连接

将直流稳压电源调至 12V，电源正极、负极输出线分别接被测电路的 V_{cc} 和接地端。低频信号发生器输出线接被测电路的输入端，调节低频信号发生器，使其输出 1mV、1kHz 的低频信号。将示波器通道 1 的探头连接到第一级的输出，通道 2 的探头连接到第二级的输出。

将两个探头的衰减开关均设置在"10×"位置。

3．测量输出波形

（1）按 CH1 的"MENU"按钮，按横排菜单的 H1（耦合）按钮，在弹出的"耦合"竖排菜单中选择"交流"选项；按横排菜单的 H3（探头）按钮，在弹出的"探头"竖排菜单中选择衰减为"10×"选项。按 CH2 的"MENU"按钮，按横排菜单的 H1（耦合）按钮，在弹出的"耦合"竖排菜单中选择"交流"选项；按横排菜单的 H3（探头）按钮，在弹出的"探头"竖排菜单中选择衰减为"10×"选项。

（2）按 Autoset（自动设置）按钮，示波器将自动显示两个通道的波形。

（3）按 Measure（测量）按钮，按横排菜单的 H1（添加测量）按钮，按竖排菜单的 F3（快照全部）按钮，屏幕显示波形的所有参数。按 F2（信源）按钮，切换显示通道 1 和通道 2 的参数。

第 4 章

其他常用仪表

你知道吗

　　用电设备在长时间、大电流的工作状态下，过热会引发火灾，钳形电流表可以监测设备的工作电流，防止电器过热。有的用电设备的电阻与标准值即使差零点几欧，也有可能产生较大的危险，使用电桥可以精确测量设备的电阻。一个漏电的用电设备是非常危险的，兆欧表可以测量设备的绝缘电阻，检测设备是否漏电。使用隔离变压器，可以防止漏电伤人。稳压电源是能为负载提供稳定的交流电或直流电的电子装置，包括交流稳压电源和直流稳压电源两大类。

　　本章讲解的其他常用仪表的功能比较单一，在不同类别的工作和相关考试中，可根据具体情况和相关要求进行选择。

知识目标

1. 掌握钳形电流表的工作原理。
2. 掌握兆欧表的工作原理。
3. 掌握电桥的工作原理。
4. 掌握隔离变压器的工作原理。
5. 掌握直流稳压电源的工作原理。

能力目标

1. 会使用钳形电流表测量电流。
2. 会使用兆欧表测量绝缘电阻。
3. 会使用电桥测量电阻。
4. 会使用隔离变压器。
5. 会使用直流稳压电源。

（4）钳形表有不同的量程，可以通过拨动转换开关进行转换。但在测量电流时不允许拨动转换开关，以免损坏仪表。

（5）测量较小电流时，可将导线多绕几圈，放进钳口测量，其实际电流值应为仪表读数除以钳口内导线所绕的圈数。

自我检测

1．为什么不能用钳形电流表同时钳住两根导线测量电流？如果同时钳住两根导线，测量结果是多少？

2．使用钳形电流表测量计算机的工作电流，计算计算机的功率。组装40台这样的计算机的机房，应使用什么规格的空气开关？

3．如何使用钳形电流表测量电烙铁的工作电流？

任务2　兆　欧　表

操作过程

1．兆欧表简介

为保证用电安全，要求电气设备和供电线路的绝缘良好。一般绝缘电阻的阻值都比较大，从几十兆欧到几千兆欧，在这个范围内使用万用表的欧姆挡测量是不准确的，而且万用表欧姆挡所用的电压比较低，在低电压下呈现的绝缘电阻值不能反映在高电压下的绝缘状态，因此测量绝缘电阻必须用具有高电压的兆欧表，又称为摇表。兆欧表常用来测量各类电气设备的绝缘电阻。

用手摇发电机供电的兆欧表（又称摇表），如图4-7所示；用干电池供电的兆欧表，如图4-8所示。

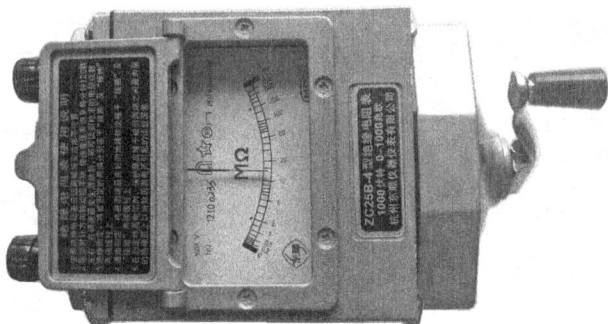

图4-7　用手摇发电机供电的兆欧表

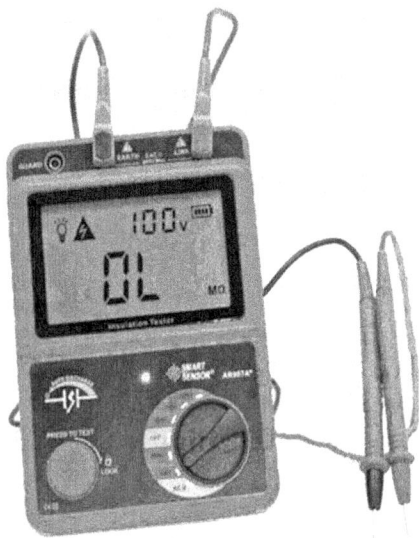

图 4-8 用干电池供电的兆欧表

2．兆欧表的使用

切断被测设备的电源，水平放置兆欧表，摇动手柄，短接两个表笔，指针应指在"0"位置；断开表笔，指针应指在"∞"位置。将一个表笔接被测设备的引出线，另一个表笔接设备外壳，如图 4-9 所示，均匀摇动手柄，如果指针靠近"∞"，表示被测设备绝缘良好，否则可能漏电。

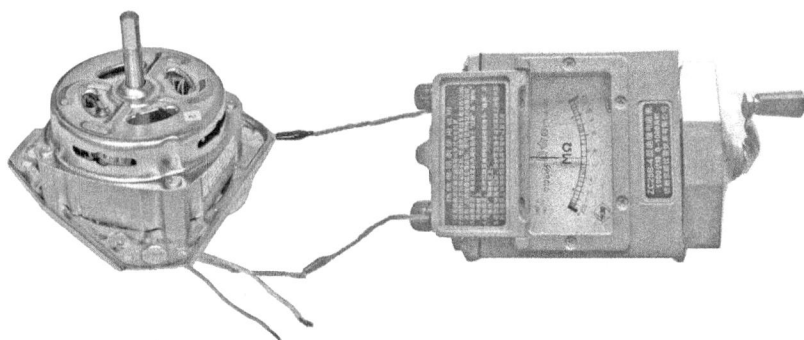

图 4-9 兆欧表的使用

自我检测

1．计算机的电源插头有 3 个金属插片，测量它的绝缘电阻，用表笔接触哪两个插片？

2．在检查一个放大电路时，怀疑集电极电阻损坏，没有找到万用表，能否用兆欧表测量该电阻的阻值？为什么？

3．怀疑电烙铁漏电，用兆欧表的两个表笔分别接触电烙铁插头的两个金属插片进行检测，这种做法是否正确？如何使用兆欧表检查电烙铁是否漏电？

任务3 电 桥

✒ 操作过程

1. 电桥的工作原理

万用表测量电阻使用伏安法，测量电阻的公式为 $R=U/I$，由于万用表内部电池电动势和内阻的变化，不可避免地存在测量误差。电桥是用比较法测量电阻的仪器，它的灵敏度高，测量准确，使用方便，广泛应用于各类维修中。

如图 4-10 所示是电桥的原理图。它由 4 个电阻 R_1、R_2、R_x 和 R_0 连成一个四边形，每条边称作桥的"臂"，四边形的 A、B 对角线接有电源，C 和 D 之间连接检流计 G，所谓"桥"是指 CD 这条对角线仿佛是一座桥。与检流计串联的电阻 R 为保护电阻。E 为供电电源。

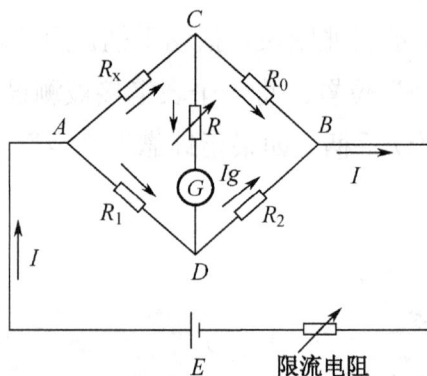

图 4-10 电桥的工作原理

电源接通时，电桥线路的各支路均有电流通过。当 C、D 两点之间的电位不相等时，桥路中的电流 $I_g \neq 0$，检流计的指针发生偏转；当 C、D 两点之间的电位相等时，桥路中的电流 $I_g=0$，检流计指针指零，电桥处于平衡状态。此时有：

$$\frac{R_x}{R_0} = \frac{R_1}{R_2}$$

若已知其中三个桥臂的电阻，就可以计算出另一个桥臂电阻。因此，电桥测电阻的计算式为：

$$R_x = \frac{R_1}{R_2} R_0 = KR_0$$

电阻 R_1、R_2 为电桥的比率臂，R_x 为待测臂，R_0 为比较臂，由计算公式可以看出，待测电阻 R_x 由倍率值 K 和标准电阻 R_0 决定，倍率值 K 为 10^n。检流计判断桥路有无电流，由于检流计有足够的灵敏度，标准电阻可以制作得比较精密。所以，利用电桥测量电阻的准确度很高。

2．直流单臂电桥

下面以 QJ23 型直流单臂电桥为例讲解直流电桥的使用方法。QJ23 型直流单臂电桥的面板如图 4-11 所示，它由检流计、测量盘、倍率开关、各种按钮及接线端子等组成。

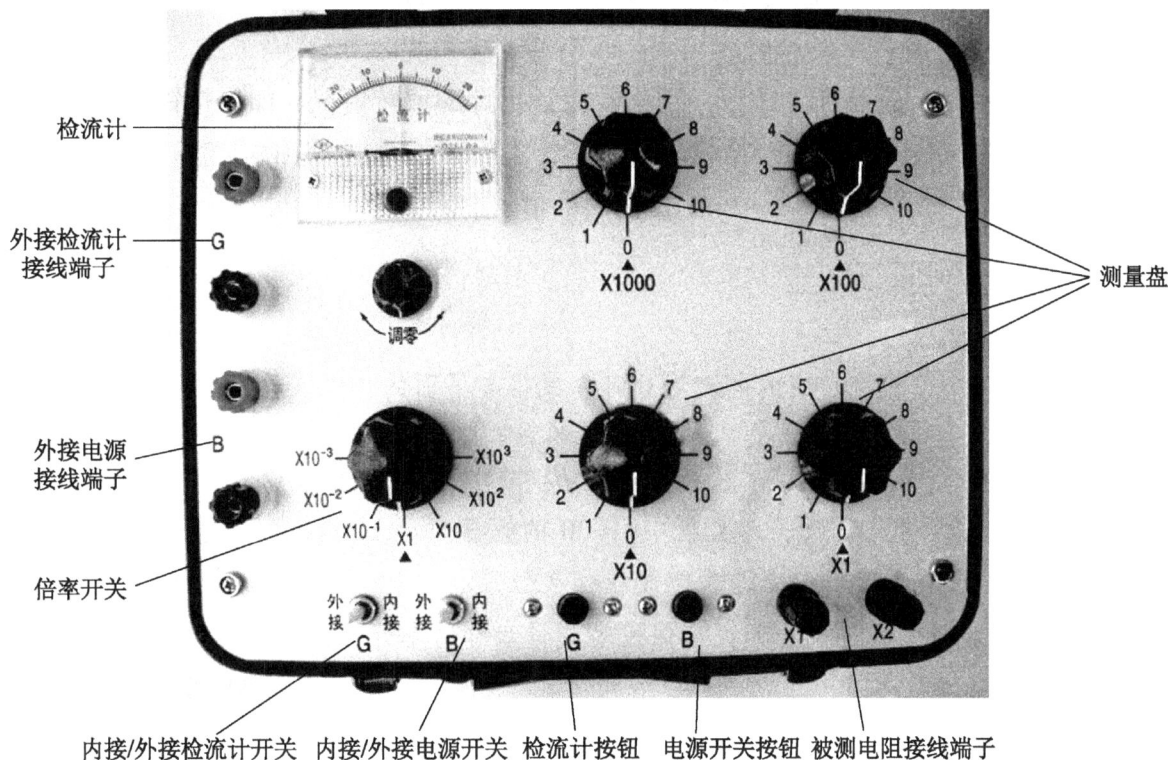

图 4-11　QJ23 型直流电桥的面板

（1）面板介绍。

检流计：如果电桥平衡，检流计中没有电流，指针指向中间的 0 位置；如果电桥不平衡，检流计有电流，指针向左或向右偏转。

测量盘：由 4 组可调电阻器组成，使测量结果有 4 位有效数（1000～9999）。

倍率开关：有 10^{-3}、10^{-2}、10^{-1}、1、10、10^2、10^3 等挡位，电阻的阻值=测量盘的数值×倍率。

外接检流计接线端子：如果认为内部检流计灵敏度不够高，可以在此端子外接检流计。

外接电源接线端子：通过此端子接外部电源。

内接/外接检流计开关：拨到"外接"一侧时，使用外部检流计；拨到"内接"一侧时，使用内部检流计。

内接/外接电源开关：拨到"外接"一侧时，使用外部电源；拨到"内接"一侧时，使用内部电源。

检流计按钮：按下此按钮，接通检流计。

电源开关按钮：按下此按钮，接通电源。

被测电阻接线端子：被测电阻接在这两个端子上。

（2）使用方法。

将内接/外接检流计开关拨到"内接"，"内接/外接电源开关拨到"内接"。用万用表粗测电阻的阻值。将被测电阻接到被测电阻接线端子×1和×2的接线柱上，根据粗测电阻的阻值，选择合适的测量盘和倍率开关。

按电源开关按钮，按检流计按钮，观察检流计指针的偏转情况。如果指针向右偏转，增加数值；如果指针向左偏转，减小数值。直到指针不偏转，读出电阻的阻值：

$$R=测量盘的数值×倍率$$

自我检测

1．在图4-10中，检流计中的电流为0时，试推导下面的公式。

$$\frac{R_x}{R_0}=\frac{R_1}{R_2}$$

2．在使用电桥测量电阻时，测量盘中×1000的拨盘为什么不能拨到0？如果一个电阻的阻值在500Ω左右，测量盘和倍率开关应放在什么位置？

3．在使用电桥测量电阻时，无论如何拨动测量盘和倍率开关，检流计的指针总是向右偏转，可能是什么原因？

任务4 电   源

操作过程

1. 隔离变压器

隔离变压器的原理和普通变压器的原理一样，是1:1变压器。它的次级与大地不相连，次级任意两根线与大地没有电位差，因此使用安全，常用作维修电源。

市电的输电线有零线和火线，零线在变压器端与大地相连；火线与大地之间有220V的电位差。人的身体一部分接触到火线，另一部分接触地面时，在火线和地面之间构成回路，电流通过人体，对人体造成触电伤害，触电示意图如图4-12所示。

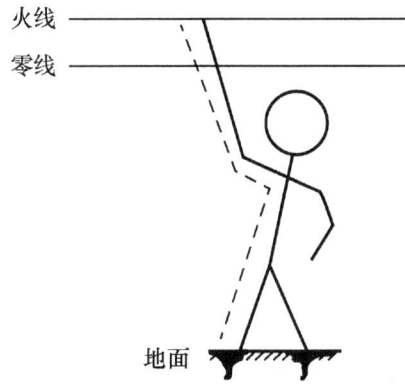

图 4-12　触电示意图

隔离变压器的次级对地浮空，不与大地相连，它的任意两线与大地之间没有电位差。人接触任意一条线都不会发生触电现象，隔离变压器应用示意图如图 4-13 所示。

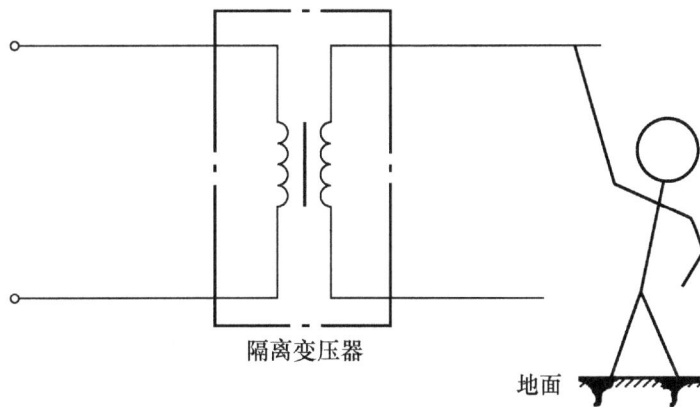

图 4-13　隔离变压器应用示意图

隔离变压器的铁芯对高频信号的损耗较大，可以有效地抑制高频杂波传入次级回路。如图 4-14 所示为隔离变压器的正面，如图 4-15 所示为隔离变压器的背面。隔离变压器的插头接市电插座，用电设备接隔离变压器背面的插座即可。

图 4-14　隔离变压器的正面

图 4-15　隔离变压器的背面

动，实现输出电压的调整和稳定。

（3）交流稳压电源的使用。

如图 4-22 所示为 TM-6800VA 交流稳压电源的面板。

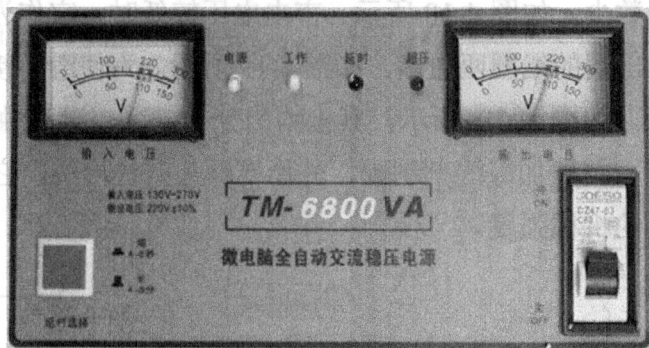

图 4-22　TM-6800VA 交流稳压电源的面板

面板左边的电压表指示输入电压值，右边的电压表指示稳压后的输出电压值。

面板的中间有 4 个发光管，分别是电源、工作、延时、超压。接通电源并打开电源开关，稳压电源的电源发光管点亮；稳压电源开始工作，输出稳定交流电压时，工作指示灯点亮；稳压电源启动后并不立即输出电压，而是要延时一段时间，延时指示灯点亮；如果输入电压超过稳压电源的最高输入电压，超压指示灯点亮。

电路断电后如果在短时间内又恢复供电，一些电子仪器会被损坏。为了防止这些损坏，交流稳压器具有延时功能。面板的左下角为延时选择按钮，按下此按钮，延时时间为 4～5 秒；弹起此按钮，延时时间为 4～5 分钟。

面板右下角为稳压器开关，向上为开，向下为关。

交流稳压电源的输入和输出接线在仪器的后面，拧开后面板的螺钉，有 7 个接线端子，如图 4-23 所示。左边两个为输入端，输入电压范围为 160～250V；向右一个端子为接地端；再向右两个端子为 110V 稳压输出端；最右边的两个端子为 220V 稳压输出端。

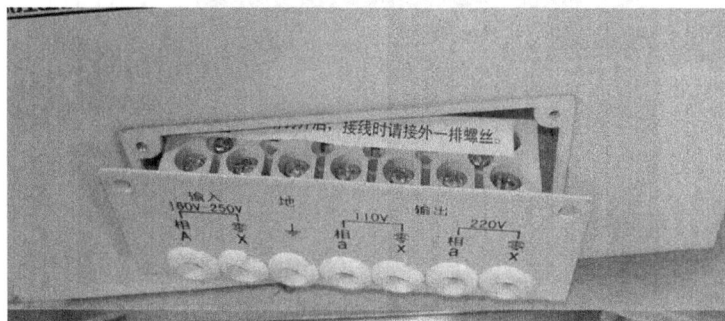

图 4-23　接线端子

3．直流稳压电源

由于电子技术的特性，所有的电子设备都要求有一个能提供持续、稳定电压的直流电源。直流稳压电源的输入端一般是交流市电电压，经过降压、整流、滤波、稳压等电路，输出稳定的直流电压。常见的直流电源分为固定电压式直流稳压电源和可调电压式直流稳压电源两种。

（1）固定电压式直流稳压电源。

固定电压式直流稳压电源用于特定的设备，常称为该设备的充电器。由于输出电压不变，电路比较简单，价格也较低。例如，手机、MP3、小音箱等充电器的输出电压为 5V；一些 DVD 等充电器的输出电压为 12V；电动车充电器的输出电压有 36V 和 48V 两种。在输出电压为 5V 的数码设备的充电器中，其充电器一端基本统一为 USB 接口，由一根 USB 数据线和一个带有 USB 接口的充电插头组成，如图 4-24 所示。USB 数据线也可以接到计算机上，既可以充电，也可以传输数据，方便了人们的生活。

图 4-24　数码设备充电器

USB 接口有 4 根针脚，如图 4-25 所示，各引脚的功能如下。

引脚 1：VCC，+5V 电压。

引脚 2：D-，数据线负极。

引脚 3：D+，数据线正极。

引脚 4：接电源地线。

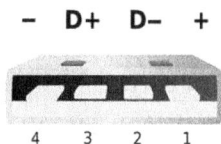

图 4-25　USB 接口的针脚

（2）可调电压式直流稳压电源。

在实验室或维修中，不同的仪器需要的电压区别很大，稳压电源输出的电压应该能够调整。直流稳压电源一般有多路输出，每一路均有过流保护。

如图 4-26 所示为一个电压可调的直流稳压电源的面板。它有两路输出：一路为固定电压输出，可以输出 3.3V 和 5V 电压；另一路输出电压可以通过相应的旋钮进行调整。如果稳压电源所接的负载比较小，输出的电流低于设定的电流值，则为稳压输出，输出电压不变；如果负载比较大，输出的电流高于设定的电流值，则稳压电源将降低输出电压，输出电流为设定的电流值。直流稳压电源控制面板上电压表、电流表和按钮的功能如下。

图 4-26　直流稳压电源面板

电压表：指示当前的输出电压。三位数字，精度为 0.1V，数字的右边有"V"标志。

电流表：指示当前的输出电流。三位数字，精度为 0.01A，数字的右边有"A"标志。

恒压指示灯：C.V（Constant Voltage）。此灯点亮，表示为稳压输出，即输出电压不变。

恒流指示灯：C.C（Constant Current）。此灯点亮，表示为恒流输出。

电源开关按钮：按下此按钮，接通电源；弹起按钮，断开电源。

电压粗调、电压细调：两个旋钮配合使用，调节输出电压的数值。

电流粗调、电流细调：两个旋钮配合使用，调节输出电流的数值。

固定电压选择：按下此按钮，固定电压输出端输出 3.3V 电压；弹起此按钮，输出 5V 电压。

固定电压输出：根据选择的固定电压，输出 3.3V 或 5V 电压。

可调电压输出：根据电压和电流旋钮的设置，输出相应的电压。

自我检测

1．某地市电的电压不稳定，应使用什么设备？

2．为防止触电，应使用什么变压器？

3．维修手机时，应使用什么稳压设备？

4．交流稳压电源能否替代隔离变压器？

任务5　综 合 实 训

实训目的

通过测试交流异步电动机和各种电热器件的各项性能，熟悉自耦变压器、隔离变压器、兆欧表、钳形电流表及电桥的使用。

实训器材

1. 交流电动机 1 台。
2. 自耦变压器 1 台。
3. 隔离变压器 1 台。
4. 兆欧表 1 个。
5. 钳形电流表 1 个。
6. 电桥 1 个。
7. 万用表 1 个。
8. 电烙铁、白炽灯、电热水壶、电饭锅若干。

测量电烙铁的
绝缘电阻

操作过程

1. 检测交流电动机、电饭锅、电烙铁和电热水壶的绝缘性

（1）检查兆欧表。匀速摇动兆欧表手柄，短接两个表笔，指针应指在"0"位置；断开表笔，指针应指在"∞"位置。

（2）一个表笔接电动机的一个引出线，另一个表笔接电动机的外壳，均匀摇动手柄，如果指针靠近"∞"，表示被测电动机绝缘良好，否则可能漏电。

（3）一个表笔接电饭锅插头中间地线，另一个表笔接剩余 2 个插脚中的任意一个，均匀摇动手柄，如果指针靠近"∞"，表示电饭锅绝缘良好，否则可能漏电。

（4）一个表笔接电烙铁的一个插头，另一个表笔接烙铁头，均匀摇动手柄，如果指针靠近"∞"，表示电烙铁绝缘良好，否则可能漏电。

（5）一个表笔接电热水壶的一个插头，另一个表笔接电热水壶的外壳，均匀摇动手柄，如果指针靠近"∞"，表示电热水壶绝缘良好，否则可能漏电。

2. 检测交流电动机的绕组电阻和电饭锅加热前后的电阻变化

（1）用万用表接电动机的引出线，测量电动机绕组的电阻值，并做记录。

（2）选择电桥，将内接/外接检流计开关拨到"内接"，内接/外接电源开关拨到"内接"。将电动机的引出线接到电桥的接线端，根据万用表测量电阻的数值，选择合适的测量盘和倍率开关。按电源开关按钮，按检流计按钮，观察检流计指针的偏转情况。如果指针向右偏转，增加数值；如果指针向左偏转，减小数值。直到指针不偏转，读出电阻的阻值。

（3）与同型号的电动机绕组的阻值进行比较，判断电动机绕组是否有匝间短路的情况。

（4）电饭锅中放适量凉水，将2根硬铜线一端与电源线插头的零线、火线固定好，另一端接到电桥的接线端，测量电饭锅的电阻。再将电饭锅的电源线接上市电，给电饭锅中的水加热，当水温度达到40℃时，拔下电源线，测量电饭锅的电阻。继续给电饭锅加热，当水温度达到70℃时，拔下电源线，测量电饭锅的电阻。填写表4-1。

表4-1　电饭锅电阻

	常　　温	40℃	70℃
电饭锅电阻值			

3. 检测交流电动机的启动电压

电源电压低，电动机产生的电磁转矩小，电动机将不容易启动。电动机的最低启动电压一般应为额定电压的75%。使用自耦变压器检测电动机的启动电压。

电动机开关的两端接自耦变压器的输出端，电动机启动电压测量电路图如图4-27所示。调整自耦变压器的输出电压为正常值，闭合开关，此时电动机应能正常启动。断开开关，调低自耦变压器的输出电压，闭合开关，观察电动机的启动情况，由于电压降低，电动机的启动时间变长。逐步降低电压，直至电动机不能启动，并记录此时的电压为电动机的启动电压。

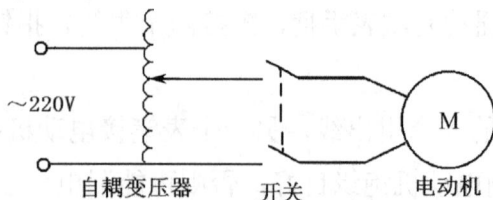

图4-27　电动机启动电压测量电路图

由于电动机未能启动，虽然电压比较低，但电流依然较大，通电时间较长可能烧毁电动机，如果电动机不能启动，要迅速切断电源。

4. 检测交流电动机的启动和工作电流

电动机接隔离变压器的输出端，打开钳形电流表，使钳形电流表钳住电

测量角磨机的
工作电流

122

动机的一根电源引线,闭合隔离变压器的开关,电动机启动并逐渐正常运行。电动机启动时电流较大,正常运行后电流将回落,观察钳形电流表的数值变化,并记录最大电流和正常运行的工作电流。

测量锡锅的
工作电流

5. 检测电热器件的工作电流

使用万用表测量电热器件的电阻值,再使用钳形电流表测量它们的工作电流并计算功率,填写表 4-2。

表 4-2　电热器件的电阻值、电流、功率

名　　称	电　阻　值	电　流　值	功　　率
电烙铁			
白炽灯泡			
电热水壶			
电饭锅			

反侵权盗版声明

电子工业出版社依法对本作品享有专有出版权。任何未经权利人书面许可，复制、销售或通过信息网络传播本作品的行为；歪曲、篡改、剽窃本作品的行为，均违反《中华人民共和国著作权法》，其行为人应承担相应的民事责任和行政责任，构成犯罪的，将被依法追究刑事责任。

为了维护市场秩序，保护权利人的合法权益，我社将依法查处和打击侵权盗版的单位和个人。欢迎社会各界人士积极举报侵权盗版行为，本社将奖励举报有功人员，并保证举报人的信息不被泄露。

举报电话：（010）88254396；（010）88258888

传　　真：（010）88254397

E-mail：　　dbqq@phei.com.cn

通信地址：北京市万寿路 173 信箱

　　　　　电子工业出版社总编办公室

邮　　编：100036